找回迷失的自己

从自耗到高效逆转

程志良 著

北京大学出版社
PEKING UNIVERSITY PRESS

内 容 提 要

你之所以不能成为优秀和高效的自己，是因为迷失在了大脑的感觉模式中——你总是试图把自己塞进各种好的、对的、安全的模式。你执迷于追求各种模式，又无法进入渴望的状态，只能在心中玩各种自我消耗的心理游戏，来获得良好的自我感觉。书中会深入剖析7种人们痴迷的自耗游戏，让你发现自己把精力和时间都消耗在了哪里。在追逐模式的时候，你迷失掉了活出自己的力量，但其实只要转身，你就可以重新获得。本书为感到迷茫、不能专注于自己工作和生活的都市年轻人，分享了6种本属于自己的逆转人生的力量。

图书在版编目(CIP)数据

找回迷失的自己：从自耗到高效逆转 / 程志良著. —北京：北京大学出版社，2018.9

ISBN 978-7-301-29730-8

Ⅰ.①找… Ⅱ.①程… Ⅲ.①成功心理—通俗读物 Ⅳ.①B848.4-49

中国版本图书馆CIP数据核字（2018）第177081号

书　　名 **找回迷失的自己：从自耗到高效逆转**
ZHAOHUI MISHI DE ZIJI: CONG ZIHAO DAO GAOXIAO NIZHUAN

著作责任者 程志良　著

责任编辑 吴晓月

标准书号 ISBN 978-7-301-29730-8

出版发行 北京大学出版社

地　　址 北京市海淀区成府路205 号　100871

网　　址 http://www.pup.cn　　新浪微博：@ 北京大学出版社

电子信箱 pup7@ pup. cn

电　　话 邮购部 62752015　发行部 62750672　编辑部 62570390

印 刷 者 北京大学印刷厂

经 销 者 新华书店

880毫米×1230毫米　32开本　7.75印张　164千字

2018年9月第1版　2018年10月第2次印刷

印　　数 10001–20000册

定　　价 35.00元

前言 PREFACE

你早已背离了自己的初心，却浑然不知；

你早已变得面目全非，却在自欺欺人；

你虽然在坚持奋斗，但只是在让自己越陷越深；

……

在 2011 年出版的《找回迷失的自己：拯救伪快乐的人生》的前言中，我说过这样一句话："人最可悲的是不明白自己的现状与自我有什么关系。"这是人们迷失的最根本的原因。其实人们之所以有迷失感，是因为在追寻自我的时候弄丢了自己，并限制了自己本身拥有的力量。

迷失、迷茫对人们来说，是谁都无法逃避的话题。因为人们无论是努力追寻，还是坚持拼搏，又或者是安于现状，都会时常有迷失感和迷茫感。这与钱的多少没有关系，与权力的大小没有关系，与做什么事情没有关系，与一个人的种族也没有关系，而人们恰恰认为自己的迷失感与这些东西有绝对的关系。这就是人们那么努力地想要摆脱迷失感，却一直无法摆脱的根源。因为我们根本就不知道自己的问题出在哪里，又是从哪一刻开始产生的。

在第一部分内容中，我将通过一个过桥的小故事，开始人们的追寻之旅。你会发现，人们是如何在追寻自我的路上迷失了自己。人们之所以迷失，是因为活在自我的模式里，或者活在不停地追寻自我的模式中。这导致人们从小到大一直都在学习如何活自我，也只学会了活自我，却不知道在没有自我幻象的情况下怎么去活自己。自我幻象是人们抗拒自己时分裂出的自我形象。它在思想里，在时间里，唯独不在当下。在当下，人们有的只是抗拒真实的自己。就从抗拒真实自己的那一刻起，人们走上了迷失之路。接下来人们就开始没完没了地挣扎和制造冲突。所以迷失感、迷茫感成了生活的常态。

迷失的人们在自我的世界里玩着各种自我安慰、自我报废、自我追逐和自我欺骗的心理游戏。在第二部分内容中，我将和读者分享人们最常玩的 7 种自我游戏。而这 7 种游戏都是在试图把自己放进模式里。是什么样的模式呢？安全的模式、确定的模式、价值和意义的模式等。人们只要体验到了迷失感，就一定是在试图把自己放进自我制造的模式里，试图在模式中找到既好又对还安全的活法。世界上真的有这样的活法吗？当然没有。人们这样做，只是自我消耗、自我报废和自我安慰。这样一来，人们看似活得很努力、很坚持、很积极，但那只是伪成长；看似活得很开心、很幸福，但那只是一种伪快乐；看似在追求一种不一样的生活，但那只是在试图从一种模式中跳到另一种模式中，就好比俗话所说的那样，那只是逃出狼窝跳进虎穴。活在自我的模式中，只要一停下来，你就会被迷失感淹没。如果无法把自己塞进模式和幻象，你就会被迷失感包围。

关键是，一旦活在自我的模式里，人们本身拥有的力量就会被限制。因为人们的力量大部分都被用来把自己塞进一个既定的模式里。这导致人们虽然活着，却不能发现，不能创造，没有专注的优秀，只有平庸的苟且。看看身边的人们，你就会发现大部分人整天都是例行公事、按部就班。生活的生机来自用自我欺骗和自我安慰换来的伪快乐和伪成长。在第三部分内容中，我们从 6 个层面帮助人们摆脱自我的束缚，把原本有无限可能的自己释放出来。让你真正摆脱自我的局限，活出自己。

记住，只有去活自己，你才能时刻发现和创造价值，才能时刻绽放你的智慧和优秀。不然，即便你努力、坚持、奋斗或寻找，也都只是从一种模式中跳到另一种模式中，根本没有摆脱自我的束缚。你还是没有自己，只有自我的模式，这样你注定被迷失感包围。

希望本书能够为大家提供一些帮助，毕竟我们很多人都会迷失——这是活在自我世界里注定的噩梦。你一定要明白，一切要看你自己，我只是让你看清和觉醒。做到并不难，改变也不难，一切就在一念之间。如果你感觉自己做不到，那是因为活在自我中的那些感觉让你的改变和行动变得困难。是否尝试改变自己，要看你想要的是不一样的人生，还是继续舒适地苟且，这取决于你自己。不过有一点是肯定的，变与不变你都不会脱皮少肉。如果不变，你的生活注定平庸、辛劳和痛苦，而且活着就是在挣扎。一切在你起心动念的一瞬间就已注定，今天的你决定了明天的你是什么样子。

扫描二维码，观看程志良全部视频

目录
CONTENTS

第二部分　自耗——人们沉迷于7种自耗游戏

第二章　时空穿越游戏

第三章　咀嚼思想游戏

第四章　彼此消费游戏

第十三章　独自面对——不能面对自己，就没有自己

第十四章　绽放自己——把芳香留给世界

PART I

第一部分　模式——迷失开始于追寻

第一章 你被什么所困

CHAPTER 1

1. 你要追寻的是什么

有一天，有三个人同时来到悬崖边，他们都准备到悬崖对面去。悬崖很深，下面水流又湍急，而且悬崖上只有一座独木桥可以让人通过，一不小心就会掉下去，摔得粉身碎骨。因为一次只能通过一个人，他们便停了下来，犹豫着谁先过去，怎么过去。

这时候，又有一个人来到桥边，看到他们谁也不过桥，感到很好奇，就跑过来问："你们在这里做什么？"他们异口同声地说："我们想到桥那边去。"那个人不解地问："你们为什么要到桥那边去？要去做什么？"

他们先是一愣，然后用不可思议的眼神看了看那个人，好像在质疑："傻帽儿，难道你不知道桥那边有更美好的人生吗？"

这时，其中一个人开口说："我到对面去，是因为我要做一名医生。我的父亲就是医生，从我小时候起，父亲就受到邻居的尊敬，他是我们家族的骄傲。从小他就教育我长大了要成为一名医生。医生救死扶伤，是这个世界上最伟大、最体面、最有前途的职业。为了继承他创造的家族荣耀，我要到对面去做最有意义的事情，成为一名伟大的医生。"

这个人是被放进父母的人生模式里的典型代表。我们可以把这种遵循家人意愿的人叫作"继承者"。父母用他们认为有价值的方式教育我们，希望我们符合他们所遵循的价值观，成为符合他们意愿的样子。他们总是在告诉我们这样不对，那样愚蠢；这样不好，那样危险。总是试图让我们按照他们的意愿行事，让我们放弃自身的意愿，选择他们认为的更好、更安全的活法。

另一个人说："我上大学时最听老师的话，学习最好，老师也最喜欢我。我每年都被评为优秀学生，都能拿到奖学金。就像我们老师常说的那样，跑得越快，活得越好。我跑得最快，所以我很优秀。走出学校，我依旧在努力做得更好，所以我要赶在别人到达桥对面之前到达那边，开辟不一样的人生。"

我们接受的很多教育都是让我们符合某种价值模式。我们学到的也都是安全的、对的、好的活法和模式。同时，这也开启了我们的盲目竞争，让我们认为跑得越快，才能活得越好。我们都高喊："奔跑吧同学，停下来你就输了。”我们的大脑中除了模式以外什么也没有。在接下来的故事中，我们把这类人叫作“奔跑者”。

第三个人说：“你没看到吗？朋友圈里很多人辞了工作去创业了，还有好多人融到了资金。现在的创业条件很好，社会也在鼓励大家去创业。我可不想错过这个机会，我要到对面去创业。我要成为马云、乔布斯那样伟大的人，我要创造属于自己的商业帝国。”

他说这话的时候，脸上洋溢着幸福，好像只要过了这座桥，他就可以立刻变成马云、乔布斯那样的人。我们把这类积极进取的人叫作“激进者”。脱离了家人和学校步入社会，人们看似有了自己独立的思考空间和能力，但追求安全、好、对的思维模式，已经成了人们默认的思维模式。人们会不自觉地追随权威和成功的人，会主动地模仿他人的成功模式、生活方式，甚至是穿衣打扮等。这其中也脱离不了传媒对“成功人士”的完美塑造。媒体使人们认为只要按照他们的方法去活，就会成功。其实人们又一次被模式化了。

从表面来看，别人就像你的父母一样为你好，告诉你什么是成功，什么是人生，什么是正确的追求。但你一定要明白，将你模式化的人永远打着为你好的名义。任何想要控制你的人都是这样的。只要你相信了，就又一次被模式化了。模式就是别人试图把你带入他们所追随、信奉的价值中，而且他们一定会告诉你，这是安全的、好的、对的方式和活法。

问话的那个人听完他们的话，顿时眼前一亮，发现他们都很有追求。他忽然感到自己现在的生活一眼见底、了无生趣，自己的人生毫无意义、毫无价值。所以他也决定告别现在的生活，到对面去闯闯，开始新的人生。就这样，受这三个人的影响，他也加入了过桥者的队伍。就让我们把这类人叫作“跟风者”吧。

故事先听到这里，大家来看一看，我们都是怎样被模式化的。第一种情况是唤起我们心中的恐惧，唤起一个我们不想成为的自我，制造一个负面的自我。就像决定和那三个人一起过桥的跟风者一样，他看到别人的追求，就感觉自己的生活没追求、没品位，一眼见底——这就制造了一个毫无希望的自我。因为，人最恐惧一成不变和乏味无趣的生活，所以他被影响了，并且决定和他们一起到对岸看看。第二种情况是植入价值和意义——唤起一个更加理想、更加完美、更有价值的自我。比如继承者、奔跑者、激进者，他们都是被价值和意义模式化的人。家族的荣耀、别人的尊重、优秀学生、奖学金、权威的认同、成为成功人士等，都是会对人们产生影响的价值和意义。

在这个世界上，大部分人都活在自我建立起来的确定感和安全感中，大家心中同样满是恐惧，满是条条框框。人之所以能够被模式化，是因为我们肩膀上顶着的这个脑袋其实就是个模式化的机器，它依赖模式存在和运作。我们的大脑进化成今天这样，是社会化生存的结果，是社会性的产物。大脑是在安全、好、对的模式中运行的。在这些模式中，我们可以找到确定感、安全感、价值感等自我需要的感觉。整个社会都在模式中运行，别人抛给我们的东西只要符合这样的模式，就会被我们咬住不放，我们就像脱缰的野马一样追着模式奔跑。大脑追求模式化的运作，才是人们容易被洗脑、被控制、被影响、被模式化——容易迷失的根源。

不知你发现没有，故事中的 4 个人都是为了达到别人的某种期待才选择过桥的。在他们的期待中，根本看不到自己的影子。活在安全、对、好的模式中，最大的特点就是你不能有自己的想法和意愿，不能做自己，不能发现自己——你丧失了按自己的意愿生活的能力。你在这些模式之外的所有可能，全部被剥夺了。所以，活在这个模式中的大部分人都没有自己。

2. 追寻一定伴随着后遗症

那么，这 4 个想要过桥的人，他们能够如愿以偿吗？在桥的对面又有什么在等着他们？让我们接着往下看。

4 个人的话音刚落，那个说跑得越快活得越好的人，便抢先踏上了独木桥。由于他太过心急，刚踏上桥头脚下就滑了一下，旁边的人吓得叫了出来。还好有惊无险，在滑倒的一瞬间，他的双手抓住了独木桥。大家一起把他救了上来。刚从鬼门关回来的他，吓得瘫坐在地上。他忽然意识到，并不是跑得越快，就一定活得越好。也可能跑得越快，摔得越惨，甚至丧命。他不知道该相信什么了，于是决定放弃过桥，选择在岸边过安全保险的日子。

这样的经历让他意识到，用学校里跑得越快越优秀的生存法则来闯社会是行不通的。在社会上，很多时候并不是只要你工作认真、听话顺从，就一定能得到好的回报，能得到别人的认同，能挣到很多钱。把学校里的那套模式生搬硬套在社会体系上，只有一个结果，那就是不断受挫。所以当他迈出第一步时，就遭遇了挫折。这就是与追寻相伴的东西——挫折。他遇到的情况是每个追寻的人都会遇到的。当我们相信了一种模式，并试图把它塞进自己的生活时，便会遭受挫折。我们精心构建起来的价值观，也会瞬间垮塌，于是我们开始质疑这个世界。从此不知道如何是好，不知道该相信谁。只好在原地徘徊，过着得过且过的日子。

那个要到桥对面去做一名伟大的医生的人，被刚才发生的一幕吓到了。面对眼前的独木桥，心中有了几分畏惧，似乎有点动摇。但想到父亲的谆谆教导，他还是决定奋力一搏。于是，他也踏上了桥。还好，他摇摇晃晃地过去了。当踏上桥对面的那片土地时，他放眼一望，整个人傻了眼。他发现那里并不像自己想象的那样一片美好，而是又一道悬崖又一座独木桥。于是他开始疑惑，生活为什么是这样？是什么撼动了自己心中美好的愿景呢？

由于他非常明确自己要做个医生，他的坚持让他顺利通过了那座独木桥。现实中，他在做实习医生的两年时间里，工资挣得不多，医院也没有对他委以重任。他只不过是个打下手的实习医生而已，整天为一些琐碎的小事儿忙个不停。由于他太忙，收入也不多，因此连女朋友也还没有找到。虽然他凭着自己的坚持，去追随自己的意愿，一

连跨过了几座独木桥，可摆在他面前的并不是父亲说的那样美好，而是过不完的独木桥。他甚至不好意思跟别人说自己在医院做什么，更谈不上什么尊重和家族荣耀了。所以，他眼前一片迷茫，不知道自己该怎么做，整天在纠结中度过。

那个创业者，像打了鸡血一样，不但顺利通过了那座独木桥，还一连过了好几座桥。他带着自己的项目见了很多投资人，可那些投资人不是嫌他没有良好的团队，就是嫌他的项目没有核心竞争力，总之问题一大堆。不过他没有放弃，一直坚持自己的目标。在两年的时间里，他最终找到了投资，突破了一些困难，也得到了很多收获。但他发现摆在他面前的依旧是一座接一座的桥。他有时也在质疑，美好的生活到底在哪座桥的后面呢？可他已经身不由己，投资人整天在他背后"挥鞭子"，使他无暇再去思考这些问题，只能继续埋头往前走。

那个要和他们一起过桥享受美好生活的人——跟风者，虽然鼓起勇气迈出了第一步，并最终走过了独木桥，但是，桥那边的景象让他感觉自己被骗了，他埋怨道："一群骗子，这边哪有什么好事等着我啊，不还是一座座的桥吗？"他看到医生和创业者过了桥就各奔东西了，不知道自己该去哪里。他看看桥的对面，再回头看看独木桥，放弃了返回去的念头，在原地开始了进退两难的生活。

在我们的生活中，这样的人不少。总是疯狂追逐别人，别人说开店挣钱，他就开店；别人说炒股挣钱，他就开户；别人说搞收藏挣钱，他就也开始玩收藏。结果一上手发现不是那么回事。把自己整个撂在那里，不知道该相信谁，不知道谁说的才是真的。其实我想说，不管信谁都得玩儿完。

一个金融投资专家，20年来一直认为做投资抓住机会很重要。于是这些年他一直试图抓住机会，也一直这样教别人，可结果他一事无成。后来他在微博上说："如果你现在问我股票投资最重要的是什么，我会毫不犹豫地说，最重要的不是抓住机会，而是规避风险。"我看到后对他说，再过20年，问你股票投资最重要的是什么，你会说既不是抓住机会，也不是规避风险，而是别的什么东西。这就是权威，他们也在探索，他们也很迷茫。你信他，你就玩儿完了。

故事中的4个人都是被模式化了的人，他们都患上了追寻后遗症，每往前走一步，都有挫折相随。挫折是被模式化的人一定会遭遇的，你一定要明白挫折是从何而来的。那就是你一旦相信了别人，一旦试图将自己塞进别人希望你遵循的模式，你就会发现自己怎么也进不去，事情根本不是你想象的那样，这时你就会感到挫败。就像过桥做医生的那个人一样，他认为只要做了医生，就会得到别人的尊重，就是一件值得骄傲的事情，可结果是他做了医生才知道医生是一份苦差事；那个创业者认为只要创业了，就会成为像马云、乔布斯那样的人，可结果是他变得身不由己，停不下来；认为跑得越快就活得越好的人，差点掉到桥下摔死；认为追随大多数人就会满载而归的人，发现每迈一步都是挫折。如果你时常有挫败感，就证明你在追求模式化的生活，证明你追求的目标不属于你自己，证明你已经患上了追寻后遗症。

那么，在我们的意愿背后，为什么总有挫折在等着我们呢？这是因为我们追寻的是自我，不是自己。自我要的是确定感、价值感、优越感等。它存在于模式里，比如安全的、好的、对的模式，但是现实世界根本不存在什么安全的、好的、对的模式。现实是一切都不确定，一切都没有确定的意义。如果执着于这些，你就一定会失望。所以带着模式上路，只有一种东西在等着你，那就是挫折。摆在你面前的将是一座座过不完的独木桥。活在自我的世界里，无论做什么，我们都会有挫败感，都会体验到空虚、不安和不满。所以，活在模式里，我们的生活注定是辛劳和痛苦的。

3. 人们都掉进了不自知的"循环"

在我们成长的过程中，家人及整个社会都在帮我们塑造自我，而不是自己。因此大部分人都不是在活自己，也没有学会活自己。活在自我世界里的一种重要表现就是生活时常伴随着令人感到艰辛、痛苦、无助和绝望的挫败感与失落感。活在自我的世界，虽然时常伴随着负面情绪，但人们并没有能力质疑这种负面情绪，而是依旧在这个自我的模式里循环往复。活在自我的世界里，人们不但是被模式化的人，同时也是试图模式化别人的人。也就是说，大部分人既是被感染者，

也是传播者。我们被别人塞进了模式里，反过来又试图把别人塞进自认为安全的、好的、对的模式里。这就导致了痛苦和烦恼的传播，导致了大家都只会活自我，不会活自己。

在过桥的故事中，4 个过桥人都是过来人，都有过桥的经历，他们都成了“病毒”的携带者。我们分别来看一下他们是如何传播“病毒”的。

这天，一个想要创业的年轻人找到创业者，想听一下他对自己创业的想法有什么高见。创业者听完他的想法后对他说：“你的想法不错。但是这个行业竞争蛮激烈的，要想做成这件事情，还需要具备很多条件和因素。我想知道你有优势吗？你有重要的人脉吗？你有雄厚的资金支持吗？你看别人做这样的项目发了财，那是因为他们有背景和故事，你拿什么与别人竞争？你怎么确保自己能做成这件事情？”

小伙子听完他的话，一脸的迷茫，顿时陷入了沉思。他开始怀疑自己是否适合做这个项目。就这样，创业者成功地把自以为是的“病毒”传染给了这个小伙子。但你们想过吗？谁生来就会走路？谁生来就有钱？谁生来就大权在握？没有一个人是这样的，是不是？活在自我世界里的人，最大的问题就是自以为是。自以为是让他们看不到人们生来本一无所有，什么事情都是从无到有的。这个世界之所以有新的一天，就是为了一切能重新开始，给每个生命希望，给每个人机会。自以为是的人认为世界就是他们认为的那样，他们看不到事在人为，看不到人类社会的一切事物都是人创造的，没有人就没有这个社会。自以为是让人们看不到真实的世界，同时也失去了开阔的眼界和包容的心。

（1）**自以为是的“病毒”特征一：狭隘和守旧**。他们总试图把事情塞进模式和规则里，只有这样，他们才觉得安全。他们不能接受框架之外的任何不确定的事。活在自我的世界里的人最大的需求就是安全感。所以，他们试图把你也塞进模式里。如果你不符合他们的模式，他们就认为你的事情没有做的必要，你的想法太幼稚。你和他们接触的结果就是发现自己什么也做不了，什么也不是。

一个想考医学院的女生找到那位正在做医生的过桥人，想征求一下他的意见。医生告诉她：“你的条件那么好，可以选择一个挣钱容易、工作轻松点的专业，比如演员、主持人。可别选医生这个行业，工作非常辛苦，很多时候还不被人理解……”

女孩听完，感觉很有道理，心想：“他可是过来人，我是应该一开始就选个轻松、赚钱容易的专业。可是选择做演员、主持人，自己一点大分也没有。”于是，她陷入了焦虑状态。这一次，医生也成功地把“病毒”传播给了女孩。

当你问别人对做某种选择的建议时，他们总是以过来人的角度告诉你，这个难，那个累，好像真的是所选职业和专业的问题，而完全忽视了这个领域里有很多人做得很好，做得很棒，很享受这样的工作。其实无论选择做什么，都事在人为，都是人的问题。如果你感到做一件事情很累、很烦、很苦，那一定是你的问题，而不是这份工作有什么问题。

（2）**自以为是的“病毒”特征二：认为自己做不到、做不好的，**

别人也做不到、做不好。活在自我的世界里的人最大的硬伤是不能否定自我。他们自认为，自己做不到的别人也做不到、做不好。不仅如此，他们还认为做不好不是自己的问题，而是选择的事情有问题。所以，当你和他们接触的时候，就会受到他们的感染，被错误地引导，让你忽视自己而迷信选择的力量。结果是让你永远也找不到那件对的事情、能做好的事情。

待在桥边的跟风者，遇上了一个想要过桥追求美好生活的年轻人。他问年轻人："你要到桥的对面做什么？"年轻人说："我不想做现在的工作了，我要到对面做我想做的事情。"他接着问："你想做什么？"年轻人说："我一直想做一个歌手。"

他说："年轻人，你可要三思而后行，不是你敢过桥、敢去追，你就会成为一个出名的歌手。到头来，你要是出不了名该怎么办？你的青春、你的未来、你的幸福都没有了。你想过那时候别人看你的眼神吗？"年轻人感觉跟风者讲得头头是道，他忽然想到，有那么多想成为歌手的人一直在坚持，可一直也没有什么人能出名。他开始动摇，心想："是啊，要是成不了名我该怎么办呢？"这个年轻人也被自以为是的"病毒"感染了。

生活中，那些传播"病毒"的人总是在说："赔钱了呢？失败了呢？"可是，谁知道明天会怎样？谁能保证你必定不能成功？我们完全忘记了自己是个大活人，忘记了我们赔了钱，可以再挣回来，失败了可以再做一次，迷失了可以再找回原路。在这个世界上，谁不是边走边看呢？谁不是在行动中才找到了做事情的感觉呢？谁不是在尝试中获得成长呢？我们总不能因为怕失败、怕赔钱、怕迷失，就什么也不做吧？为什么总有人要求你在出发之前就解决掉在路上可能遇到的一切事情呢？这可能吗？现实吗？

（3）**自以为是的“病毒”特征三：认为只有结果值得追寻，过程不值得经历**。活在自我世界里的人只注重结果，不看重过程。认为凡事没有确定的回报，就没有必要开始。因为自我要的是确定的回报，不确定是自我的天敌。所以，在你想做自己喜欢的事情之前，如果没有想好这些问题，有人就会很生气，后果就会很严重。他们认为你这是盲目，是无知。他们认为只要目标没有实现就是失败。所以，他们总是试图让你在当下解决未来的问题，结果使你不能开始去做一件事情。活在自我的世界里导致人们对过程和结果产生了很大的误解。过程和结果到底是什么关系？我们将在后面的章节中深入介绍。

自以为是最大的危害，是会传染给身边的人。人活着，如果没有活出自己，就等于没有抵御这种“病毒”的抗体，在和别人接触时，就很容易感染“病毒”。这样的“病毒”会唤起你的恐惧心理，不仅让你进退两难，还会封闭你的视野，让你变得狭隘，最终把你变成一个废人，让你无法按自己的意愿去生活。大部分人活得不幸、不快乐，就是因为人人都是自我“病毒”的携带者，不知道该如何去活自己。

（4）**迷失开始于追寻**。人人都以自我的方式活着，人人都是“病毒”的携带者和传播者，这导致人们不管怎么努力都无法摆脱负面情绪。创业者即便很激进很努力，也无法摆脱一些负面的情绪。反而越是努力，感受到的负面情绪就越强烈，压力也越大。他非常渴望能有人为他指点迷津，想搞明白为什么自己活得这么努力、这么成功，可还是感觉很迷茫，就好像不知道自己真正想要的是什么。于是他托人找到一个高僧，到庙里向高僧请教。

他说："我一直感觉自己活得很累、很辛苦，不管做什么总是感觉身不由己，没有自己。十几年来，我一直在努力搞清楚自己真正想要的是什么，想要怎么活，但直到今天我也没有如愿以偿。您能为我指点迷津，让我找到真正的自己吗？"

高僧说："你不用再找了，今天我们就在这里等，他一会儿就来了。"

他很惊讶，半信半疑地想："这么简单就能见到真正的自己吗？"

高僧在院子里的石桌旁坐下开始闭目养神，他也跟着坐了下来。他不便去打扰高僧，于是随手拔了两根马莲草的叶子，认真地编起来。不大一会儿工夫，他就编出了一只栩栩如生的"蝈蝈"。他把"蝈蝈"放在石台上仔细端详，很是开心。可就在这时，他忽然想到"我到这儿来是做什么的，居然在做这么无聊的事情"。于是，那只"蝈蝈"再也不能令他开心了，他甚至连多看它一眼的心思都没有了。

一个小时过去了，院子里一点动静也没有。不是说真正的自己会来吗？他有点焦急地看看高僧，可高僧在那里闭目养神，一动不动，他只好按捺住焦躁的心情继续等。这时，一只大苍蝇在他头顶上嗡嗡地盘旋，搞得他更加心烦意乱。他一巴掌便把那只苍蝇打了下来。

等啊等啊，又过去了一个小时，可还是不见真正的自己来，高僧依旧在闭目养神。他抬头看了看当空的烈日，擦了擦额头的汗，感觉喉咙干渴得像要炸了似的。他伸手提起石桌上的茶壶倒了一杯茶一饮而尽，顿时感觉舒服多了。想到今天就能见到真正的自己，他心情好了许多。

可是，又一个小时过去了，他还是没有看见真正的自己来。他开始感到浑身不舒服，屁股上像长了刺一样难受。他再也坐不住了，走上前轻轻地推了推高僧，问道："大师，我等的自己怎么还不来啊？"

高僧微微睁开眼睛，笑了笑说："他早就来了，你没有看见吗？"

他惊讶地四处张望，问："在哪里啊？我怎么没有看见？"

高僧说："边上的蝈蝈是谁编的？苍蝇来的时候，是谁把它赶走了？你口渴的时候，是谁为你倒茶解渴的呢？"

他说："是我啊！"

高僧说："那就是你要找的自己。因为你自己知道该怎么应对这样的打扰，知道该如何满足自己的需求，知道该如何去创造美好的东西。你的自己一直都在这里。"

他疑惑地问："自己就这么简单吗？可我怎么感觉自己不应该是这样的，不应该这样简单。"

高僧说："自己是不用找的，他时时刻刻都在这里。自己就是你这个生命，生命本身就是一种能量。他知道该如何面对一切，他知道该如何处理眼前的纷扰，知道渴了找水，饿了找食物，他知道如何去创造。"

他又问："那为什么我总是觉得自己的未来没着没落呢？总是感觉自己无能为力，好像自己不应该是这样子的。"

高僧说："人们任何的追寻，都是因为从思想中分裂出来一个'我'的幻象。没有这个幻象，人们不会追也不会寻。"

人们心中一旦滋生出一个不应该的、不能实现的，或者更加完美的、更加理想的、更有价值和意义的自我——一个自我的幻象、一个想法，人们心中就有了自己应该是什么样子、不应该是什么样子的标准，也就有了不能如愿的恐惧和对当下的真实自己的抗拒和憎恨。有了这样的幻象，人们所有的意志围绕的将是那个自我幻象，而不再是当下真实的自己。人们之所以去追寻，一定是因为心中有了抗拒的自我和渴望的自我。人们追寻一个想法、一个不存在的幻象，就注定会迷失自己。

那我们该怎么办呢？这就是这本书讲述的内容。

人是能动性和创造性都特别强的动物。看看人类的文明，一切的一切都是人类智慧的杰作。很多心理学实验都证明，人可以在没有意识参与的情况下，应对纷繁复杂的世界和生活。可是，为什么大部分人没有创造性，也没有面对和挑战生命的能力呢？这是因为人们在渴望改变、渴望获得、渴望安全、渴望掌控和渴望完美的同时，自己拥有的能力和智慧被剥夺了——被心中的恐惧、安全、掌控和执着这几种意志剥夺了。

面对困境，如果你感觉自己无法逾越、无能为力，说明你被困在了思想之中，而不是被现实所困。思想为你预设了很多不能这样不能那样的条件，比如不能退只能进，不能趴下只能站着，不能失去只能得到等。所以，这使很多人面对困境时感觉自己无能为力，什么也做不了，只能痛苦绝望，甚至想要放弃自己的生命。人活着一定要明白，任何时候你不能面对的都是残酷的想法，而不是残酷的事实。你不是没有能量，而是你的能量被自我消耗了。

这些应不应该、可不可以、好不好、保险不保险等模式，让人们迷失了自己——丧失了自己原有的能量。人们苦苦追寻，不是为了创造让自己有无限可能的人生，而是试图进入一种模式化的人生，也可以说是一种安全的、确定的人生。因为人们生来就被模式化了，只学会了追着自我跑，没有学会安心活自己。所以，人们追寻的结果早已注定，那就是迷失。

（5）**为什么拦在你面前的总是悬崖和独木桥**。我们从本书开篇一直悬着一个未解之谜，那就是 4 个人要去追寻自己的人生，为什么摆在他们面前的总是悬崖和独木桥呢？为什么不是一马平川的宽阔大道呢？这是人活着一定要搞明白的问题，不然我们的宿命就是悬崖和独木桥，我们与这个世界的关系就是过悬崖和独木桥这种单一的模式，我们的人生注定挣扎在冲突和辛劳之中。

《勇敢传说》是一部很“萌”、很好看的电影。它讲的是公主梅莉达追求自由的故事。梅莉达生性活泼好动，虽然身为公主，却像男孩子一样喜欢骑马射箭。她喜欢大自然，喜欢无拘无束的生活。可是梅莉达从小就受到母亲埃莉诺的严格要求，母亲总在一旁不停地提醒她：“说话要大声，吐字要清晰，必须让每个人都能听见，不然就没有意义了。”“吃饭不能狼吞虎咽”“要每天早起”“要有同情心”“要有耐心”“要小心谨慎”“注意整洁”“不要哈哈大笑”“要时时刻刻注意保持完美仪态”……母亲还要公主了解自己的国家，要多读书，要把琴弹好。母亲的一切努力都是为了让梅莉达成为一个合格的公主，然后选一个勋爵的儿子成亲，继承家族事业，像自己一样做一个贤妻良母，母仪天下。

梅莉达不愿意嫁给勋爵的儿子，不愿意一辈子像母亲那样活着。母亲的教诲并没有让她成为仪态端庄、气质高贵优雅的女孩。她依旧活泼好动，依旧沉迷于骑马射箭。她总是在母亲教导自己时打瞌睡，或者偷偷在纸上乱画，又或者干别的事情，总之是心不在焉。母亲对公主的不思悔改感到失望，于是越发唠叨，还时常向国王抱怨公主太不争气。母亲认为自己这是爱她，是对她好，可是公主和母亲的追求不同，所以她们渐渐对立起来。

活在自我世界里的人，要的是确定感和安全感。自我要做的，就是确定每一件事情。自我认为事实就是自己所看到的那样，自我不允许事情超出自己的掌控范围。就像公主的母亲认为梅莉达作为一个公主就要像个公主的样子，应该仪态端庄、气质高贵优雅，能够继承家族的事业。

可是这个世界的一切都存在不确定性。公主有自己的喜好，有自己的追求和未来。她不想成为母亲那样的人。当公主的母亲试图把公主放进她认为正确的模式中时，她就是在区分，将公主区分为应该的样子和不应该的样子，就是在试图将公主变成她认为正确的样子，也就是在将真实的公主变成不真实的样子。这时她们之间的裂痕就产生了，这道裂痕就如同悬崖一般，将两个人分割开来。接下来，公主的

母亲要想和公主沟通交流，就只有一种方式了，那就是公主的母亲认为的方式。公主必须按母亲期待的样子生活，而不应该有别的可能。她们之间的沟通交流只有母亲设定的单一模式，这时独木桥就产生了。

这个世界上的一切事情都是这样的，一旦我们确定了事情应该是什么样子，自己应该是什么样子，子女应该是什么样子，别人应该是什么样子……我们和事情之间就只有悬崖和独木桥这种单一的关系了。因为这时我们被自我蒙蔽了双眼，看不到事情和自己之间的其他可能，也不允许事情有其他可能。

我们通过独木桥去追求一件事情，会遭受挫败，而通过独木桥进入一个人的内心，就将爆发冲突和战争。在《勇敢传说》的故事中，母亲给梅莉达公主安排了相亲大会。就在这场相亲大会上，母女两人压抑在心中的对彼此的不满，终于爆发了。公主和母亲大吵了一场。

接下来，公主在森林里遇到了神秘的巫婆，她向巫婆买了一个能够改变母亲对婚事看法的魔法蛋糕，希望以此来改变自己的命运。公主告诉母亲蛋糕是赔罪的礼物，骗母亲吃了下去。意想不到的事情发生了，母亲并没有改变对婚事的看法，而是变成了一头熊。公主为了不让大家发现已经变成熊的母亲，便偷偷带着母亲到森林里找巫婆求解药。结果巫婆已经外出了，要过很久才能回来。不过巫婆通过魔法给公主录制了留言，告诉公主她购买的那个魔法有个注意事项："当第二次太阳升起，魔法就永远不能改了，除非你记住以下这句话——'想改变命运，先审视内心，弥合被虚荣蒙蔽的裂痕'。"公主不明白这其中的含义，只能和变成熊的母亲暂时躲在森林里。

母亲虽然变成了熊，但是举止还保持着原来优雅的样子。本该趴在地上的熊，却端庄地两腿直立着，并且两只前爪依旧优雅地端放在胸前。变成熊以后，母亲的衣服被撑破了，所以，母亲现在既没穿衣服也没穿鞋子，只有头上还顶着一枚皇冠。吃东西的时候，变成熊的母亲用两只前爪握住木棒当刀叉来切食物，装出一副淑女的样子。她坚持不吃生的鱼，要公主为她烤熟了才吃。可是像以前一样小心翼翼地小口吃饭，已经满足不了自己作为熊的胃口了。她毕竟变成了一头熊，一不留神就会露出熊的野性，她开始狼吞虎咽。由于等不及吃烤熟的鱼，她毫不犹豫地跳到河里自己抓鱼吃。后来，她充分体会到作为一头熊硬要过人的生活是多么痛苦，于是她摘下皇冠，放下了人的姿态，完全做了熊。

巫婆的魔法让母亲体验了一把身为一头熊却硬要做人的痛苦。这使母亲明白了试图将自己变成不是自己的样子的痛苦，就是自我虚荣制造的裂痕。同时母亲也明白了让活泼可爱的公主放弃做真实的自己，来迎合她的虚荣，也是在制造裂痕。这就是她和公主对立起来、彼此都很痛苦的根源所在。她只有放下自己心中的虚荣，还公主自由地活自己的权利，她和公主之间的裂痕才会消失，她心中的痛苦才会消失，她的命运才会改变。

当母亲明白了这些以后，就安心地做熊，而不再假装是人。裂痕弥合了，心中的冲突也消除了。母亲通过做熊，弥合了内心被虚荣制造出的裂痕，改变了自己的命运。当第二次太阳升起的时候，魔法解除了，母亲又变回了原来的样子。

任何一个人或一件事都有无限可能，我们应该允许他们存在自己应有的可能性。我们要想让自己的人生道路上不再只有悬崖和独木桥，就要放弃自我对确定感和安全感的追求。因为一旦你想要抓住这种感觉，就是在试图用自我的局限和模式来定义周围的人和事，并且为他们贴上标签。这样你就会和他人不断产生冲突，感觉做什么都不如意，看什么都不顺眼，你的人生就会充满不幸。因为你早就在心中把一个人、一件事，甚至整个世界都模式化了。你不允许它们存在别的可能，一旦存在，你就会与其对抗。把事情区分开来对待，认为应该是这样的，而不应该是那样的；这样是好的，那样是坏的。这都是在将这个一切都不确定的世界模式化，是试图在其中找到确定感、安全感及掌控感。

人类的一切罪恶、冲突、苦难，都开始于分别、区分的一瞬间。在这一瞬间，人与人之间就被悬崖隔离开来，要想沟通就只能通过独木桥。要想让自己的人生有所改变，就需要在此时此刻无分别地看世界。这时真正的爱就会升起，你的视野才会真正开阔，你的前途才会无限宽广。当然对于这个人人被模式化，人人都携带“病毒”的社会来说，要做到这点并不容易，所以才有了本书。

（6）**大脑找到了获得快乐的捷径：伪快乐**。人活在自我的世界里，注定辛劳痛苦，挫败成了人生的常态。面对挫败，为了让自我感觉良好，人们又制造了人生的另一种常态，那就是伪快乐。

记得有这样一幅漫画：一个肥胖的男人站在镜子前，从镜子里他看到的自己是一个玉树临风、意气风发、气度不凡的男人。不要以为这只是一幅富有想象力的漫画，其实这幅画是很多人生活状态的真实写照。

多年前，我看着一个同事一天天胖起来，就对他说，最近你胖了不少，该控制饮食了。他说，没关系，我可以瘦下来。他捏着自己的肚皮说："你看看我的肉是紧实的，瘦下来很容易。那些肉很松弛的胖人才不容易瘦下来，他们是真胖，我是假胖。"他把我的话当成了耳旁风。没过多久我就发现他又胖了不少。

有一次和几个朋友一起吃饭，当大家都把筷子放下，开始聊天的时候，其中一个比较胖的女孩还在吃。这时她感觉很尴尬，看看大家说："我是个美食家，粮食来之不易，可别浪费了。"大家开玩笑地说："为了减轻我们的罪恶感，全靠你了。"结果她不顾自己肥胖的事实，把盘子里的饭菜全吃了。

我的这两个朋友对自己胖的事实的分析解读，和漫画中的情景如出一辙，他们都能为自己肥胖的事实找到借口和说辞。看到这里你应该明白了吧，一个人是怎样胖成今天这个样子的。这就是伪快乐在其中发挥了作用。那什么是伪快乐呢?

人们对自我的认识普遍是积极正面的，这就是所谓的正向偏见。人们普遍认为自我是好的、对的，掌控着自己的生活和未来。可是，当现实中的自己和想象中的自我不相符的时候，人们就会产生心理冲突。就像我的那两个朋友，当他们感觉到自己胖时，停不下贪吃的嘴，迈不开沉重的腿。这时，自己体重失控的事实和想象中掌控着自己生活的自我之间产生了不协调感。这种冲突会让我们对自我产生一种糟糕的感觉，比如沮丧、罪恶、失望、自卑等。如果我们长期生活在这样的冲突之中，心中的焦虑对我们健康的伤害，远超肥胖对身体的影响。不过，人们也不会让自我长时间处于这样的状态。

这里有个值得我们思考的问题。人们为什么不能采取行动来改善自己的现状呢？就像上面说到的那两位，为什么不能管住嘴、迈开腿呢？这是因为通过行动来改善自己的形象，并不能产生立竿见影的效果。人们不能通过少吃这一顿，就看到自我理想中的样子。远水解不了近渴，理想中的自我与现实中的自己之间的差距不能瞬间消除，改变需要一个过程。当然，不能做出行动改变自己，还有一些其他因素，比如懒惰、恐惧、诱惑等因素。

我们既不能通过积极的行动改善现状，又不能长期处于心理冲突的状态。那么人们面对自我不如意的、不理想的、糟糕的、失控的事实，该怎么办呢？为了让自己既不采取行动，又能快速回到自我感觉良好的状态，聪明的大脑为人们找到了解除内心冲突的捷径——伪快乐。伪快乐就是人们在自我思想的游戏中获得的自我优越感、价值感和一切尽在掌握的良好感觉。

当我们内心产生冲突时，不管事实到底是什么样子，仅通过对事实进行合理化解释，让自己对理想中的自我与现实中的自己之间的差距视而不见，从而快速消除心中的冲突，回到自我感觉良好的状态中，就是我们追求伪快乐的途径。伪快乐就是在思想里解决现实与理想之间的冲突，用思想来消除现实和理想中的自我的差距，让自我回到感觉良好的状态。

合理化解释是将自己不受别人欢迎的行为，或将理想中的自我和现实中的自己之间的差距解释为事情的发生有特殊的原因，或者自己是迫不得已的，又或者这些行为有其好的一面等。我们通过这种方式，将理想中的形象和现实中的自己之间的差距忽略掉，以此来维护自我的良好感觉，达到美化自我的效果。

在前面说到的两个案例中，他们都对自己的现状做了合理化的解释。就像那个同事面对自己肥胖的事实，告诉自己肥胖是在自己的控制范围之内的，并不像有些肉很松弛的胖人那样无可救药。这样的解释暗示了自我：自己的局面还在掌控之中，还没有必要为自己的肥胖操心，所以不用锻炼也不用少吃。而另外一个女孩面对自己胖的事实，停不下贪吃的嘴，还通过合理化的解释安慰自己："我是在节省粮食，农民伯伯种粮食很辛苦。"以此让自己感觉为了珍惜别人的劳动果实，自己做出了伟大的牺牲。目的是纵容自己接着吃，不要停下来。

漫画中，镜子里所呈现出的那位男士的完美形象，就是人们用伪快乐制造的自我幻象。那位男士依旧是那样的体型，但他把自己肥胖的现状解读成自己还不是特别胖，自己随时都可以变成镜子里的样子。这样的解释，可以让肥胖给他带来的内心冲突暂时消失，让他对自己肥胖的事实视而不见。在这样的情况下，他从镜子中看到的自我，就是理想中的样子。

他心中的冲突虽然暂时消失了，但理想中的自我与现实中的自己之间的差距依旧存在。伪快乐可以使他心安理得地接着吃、接着睡，但是对他来说，理想中的自我和现实中的自己的差距会越来越大，最终成为一条不可逾越的鸿沟。

由于不知道如何活真正的自己，在受挫的状态下人们找到了快速解除内心冲突的方法——借助思想的力量来面对不如意的当下，让自我回到感觉良好的状态。从此人们便走上了迷失之路。

人们追寻的一定是一种模式，这导致人们不停地受挫。人们为了快速消除负面情绪，又陷入了寻求伪快乐的思想游戏。在接下来的内容中，我将和大家分享我们都沉迷在哪些自耗、自废、自我安慰、自我欺骗的思想游戏中，让我们看清自我这些行为背后的深层意图。我们只有从不自知到觉悟，才能重获新生，而不可能跳过觉悟，活出自己。也就是说，我们要想找回迷失的自己，先要从认识自我开始。

PART 2

第二部分 自耗——人们沉迷于7种自耗游戏

第二章 时空穿越游戏

CHAPTER 2

1. 当年的风光

阿凯是个阳光、帅气的小伙子。已经跨入 30 岁门槛的他，感情并没有如愿地伴随自己跨入人生的新阶段，他至今没有找到合适的女朋友。

他经常跟公司的同事说，自己的前女友不但家庭条件非常好，而且对他也很好。阿凯和前女友的那些故事，全公司的人都知道——他的女朋友会开车到公司门口等他下班，他们会去西餐厅吃饭，会一起去看大型演出，还会一起到海边漫步……他这一切的幸福生活都结束于女朋友出国的时候。

后来，他公司的同事发现一个规律，阿凯和交往过的 4 个女朋友没有修成正果的最终原因，都是女朋友飞到了国外。但实际上，他的 4 个女朋友都是普通女孩，也没有出国。他只是想借助过去往自己脸上贴金，不想让别人觉得他是个感情失意的、不招人喜欢的人。

很多人在描述过去的男女朋友时，会不自觉地添油加醋，想以此来抬高自己的身价。和对自己前任男女朋友的描述一样，我们喜欢把自己过去的一切都描述得风光无限。例如，自己在学校时是多么讨老师喜欢，自己在事业上获得过多么辉煌的成就，自己是如何吸引了异性的目光……

人们在面对当下不如意的自我时，为了让自己感觉良好，最擅长的就是回到过去，重新构建自己的记忆，把过去平淡无奇的自己诠释得出类拔萃和不同凡响。从而暗示今天的自己具有优秀和卓越的潜质。

我们总能记得过去那些让自己愉快和有成就感的事情，而想不起那些让自己尴尬和有挫败感的事情，即便能够想起来，我们也会将其解释为好的。

一个很喜欢弹钢琴的朋友很有实力，琴弹得也确实不错。有一次，她和我聊起了她参加全国钢琴比赛的事情，那次钢琴比赛她只取得了第九名的成绩。她说：“那次钢琴比赛的参赛选手，个个都是高手。而我没有参赛经验，过于紧张了，以致发挥失常。其实只差一点儿，我就可以杀进前三了。”

我们往往习惯性地把失败的经历解释为“差一点儿就成了”，而不愿意也不能直面自己不如意的事实。对于过去，只要是能让伪快乐钻进去的地方，人们就绝不放过。

有个学员跟我说起一件困扰他很多年的事情。他刚来北京的时候，找不到合适的工作，就到一家餐厅打工。由于他干活卖力，好学上进，所以得到了餐厅老板的赏识。可是不到两个月，倒霉的事情发生了。餐厅要拆迁，眼看自己又要开始四处奔波找工作了。这时，老板出于对他的赏识，又得知他学过会计，就想把他介绍到一个好朋友的公司去工作。

一天，老板带他去面试，老板的朋友问他会不会电脑，他本能地点了点头。没想到老板的朋友当下就要求他在电脑上做个图表。他只好硬着头皮坐到了电脑前。可是他笨拙地握着鼠标，不知该按哪里才好。他一脸尴尬地说：“我可以学。”这时，旁边一个年纪比较大的人发火了：“年轻人，不会就是不会，蒙谁啊？这么不诚实，这不是到处给别人丢人吗……”他当时只有一个想法，就是赶快找个老鼠洞钻进去。老板先走了，老板的朋友为了给他留点儿面子，说：“没关系！等你学会电脑再来吧！现在都用电脑做账了。”

他回到餐厅，向老板道歉后就真的去学电脑了。后来老板全家移民去了英国，他再也没有见过他们。很多年过去了，他已在事业上小有成就，但一直在为那一句谎言愧疚。

他说那时他实在太需要一份工作了，而且他觉得电脑没什么难的，只要给他个机会，一个月就能搞定。他还说，如果当时是另外一种情况，也不会有那样的结局。比如，当时自己能诚实一点儿；或者去面试之前就告诉老板自己不会电脑；或者当时老板给自己介绍的是一份别的工作；或者自己能善谈一点儿，化解当时的尴尬；或者餐厅老板没有出国，现在还能找到他再说一声“对不起”，解释一下当时的情况……太多太多的修改方案在他的脑海中浮现过。他的思想一有空就跑到当时那一刻，企图篡改过去发生的一切。

不管我们的内心有多内疚、多懊悔，只要我们停在思想里反复思考过去的情形，就是在为自己的错误和失误开脱。如果我们认为对过去的情形进行重新解释，可以补偿过去的失误，减轻心中的罪恶感，那么这种解释就成了解除困扰的手段，也为自己重复过去的错误做好了铺垫。因为人们总认为自己的失误有挽回和解释的余地。

让人们感到忏悔的，大部分是那些没有得到别人赞同的事情。人们企图通过忏悔来维护自己的良好形象，让自己在自我的世界里永远都是完美得无懈可击的人。我们用忏悔的方式，安慰自我是个有良知的人，解释自己所做的那些事情有特殊的原因。其实，再多的忏悔和解释，也证明不了我们的良好品质，而且我们也没有必要在思想里证明自己的品行有多好，因为这样做根本就没有什么实质性的意义。过去的失误对我们唯一的意义，就是告诉我们下不为例。

2. 明天会更好

人们不但会通过兜售陈货来满足自我的良好感觉，也会把满足自我良好感觉的需求指向未来。“以后我会，接下来我要，明天我能……”在未来的舞台上，人们总是能够见到光芒四射的、有无限可能的自我。幻想未来要比篡改过去容易很多，无须事先准备脚本，一切都在人们的心中。当人们无法面对自己的现状时，对未来的幻想就成了人们的又一根救命稻草。人们会把改变自己的希望推向未来，告诉自己明天一切都会好的。

当我们工作业绩不好时，我们会安慰自己下次一定不会让自己失望。可是直到下次的下次，我们还在等待下一次。当我们沉迷在电脑游戏中，耽误了其他事情时，我们会告诉自己，今天多玩会儿没关系，明天晚上会少玩会儿。可是，直到明天的明天晚上，我们还是要等到下一个明天晚上。

好朋友阿娟是个小有成就的女孩，很能干也很聪慧，可是她还没有合适的男朋友，心中不免有些着急，于是她四处拜托好朋友给自己介绍男友。

一次，我们正在一起吃饭的时候，她的电话响了。她羞涩地笑着说：“不好意思，这好像是别人给我介绍的男朋友打来的。”

电话接通了，阿娟问对方的一些问题让我很吃惊。她说：“你来北京多久了？刚来时做什么？现在做什么？有车吗？有房吗？你独立做过什么事情？”

听她打完电话，我开玩笑地问她：“你这是在面试吗？”她笑着说：“在这个世界上有太多人自我感觉良好了。他们从没有问过自己能做什么，要做什么，做过什么。如果他什么都没有为自己做过，你想他能为别人做什么呢？有太多的人都只是在做梦。任何一个女孩，都不希望嫁给一个没谱的人。被我那些问题吓住的，就是自动淘汰掉的，没吓住的就在我的考虑范围之内。”

她接着说：“刚才那个男孩来北京 10 年了，没有车，没有房，没有高学历，也没有做过什么能说服别人的事情。我不是要求他有车有房，我只是想知道他能做什么。10 年啊！如果他是个有心人，能为自己做很多事情的。如果 10 年来他都一成不变，那能证明什么？一个对自己的人生都没法负责的人，怎么对别人负起责任？”

她的话看似刻薄，但是不无道理。阿娟筛选男友时所问的那些问题，我们有勇气问问自己吗？

我们都太善于在心中期待了，在心中我们总是把明天想象得无限美好。但是，就算我们在自我思想中做的事情再多，现实中也不会有任何人或事物为我们停留和改变，一切都按部就班地进行着。我们却怎么也拖不动自己沉重的身体，不能在当下为自己的未来采取积极的行动。这只能表明，我们无法按照自己的意愿支配自己的行动。我们逃避现实，企图用当下无法看到的未来美化自我。这样做只是为自己的人生打了一张没有期限的白条。

我们常说一句话：“有一件事我一直以来都很想去做，直到今天还是特别想去做。”乍一听，好像是我们执着于去做一件事，但其实是我们执着于去想一件事。

就像你很希望换一份工作，可是直到今天，你也没能去做自己喜欢的工作。

你愧疚过去没能让父母过得开心，可是直到今天，你也没做到每周去看望他们一次。

你和爱人的婚姻已经形同虚设，但直到今天，你也没做出努力去挽回婚姻或重新开始一段新的感情生活。

你们结婚一年多了，想要个孩子，但你总是在等下个月自己的烟瘾或酒瘾自动消失。

你一直被肥胖的身体困扰着，可直到今天你也没少吃一口……

下一次吧，明天吧。我们不能不佩服自己的执着。对于未来，我们从信心满满的理想，到野心勃勃的幻想，再到不着边际的空想，最后到荒谬离奇的妄想，我们就是无法摆脱想象的温床。我们就是这样执着地期待着未来事情会变得不一样。可是，那些让人烦恼和不愉快的事情会自动消失吗？虽然事情不一定会怎样，但我们有足够的信心期待好运降临在自己的头上。我们每天都在祈祷这样的奇迹出现，而且总感觉自己有大把大把的时间可以去等。我们相信，未来自己有一串串的梦想可以收获，但我们就是不能活在当下、活在祈祷和祝福自己美好未来的当下，为未来的奇迹和梦想做点什么。

3. 梦醒后失眠

我们活在梦一般的世界里，我们给自己大把的时间去想象和等待。但现实是残酷的，它会让我们从梦中醒来。当我们从梦中醒来时，可能会发现大好的青春已被挥霍得所剩无几，自己除了做梦以外，什么也没有做过。而那些和我们同时上路的人，已经远远超过了我们。做梦的时候，我们的梦看上去很美，梦醒时分发现自己很失败。

梦醒时分我们会发现，梦想已久的都没有来，但一直逃避的却不请自来。白马王子没有来，白头发来了、皱纹来了；加薪没有来，新人来了、失业来了；健康没有来，高血脂、高血压、高血糖来了；自己的梦想没有来，孩子的梦想就要开始了；我们的成就没有来，忧虑先来了；我们期待的没有来，恐惧的都来了。

梦醒时分，自我开始上演风味别样的思想大餐——忧虑。原来每个人都可能失业，如果我也失业了该怎么办？原来股票不像想象中的那样稳赚，如果我也被套牢了该怎么办？房价疯涨，可是我的储蓄还不够买一平方米；腿脚不听自己使唤，我也开始慢慢老去；肚子上的赘肉越来越多，水蛇腰变成了水桶腰；父母的身体每况愈下，儿女一天天长大，我们自己的生活空间越来越小……

让我们忧虑的事情越来越多，从自己的事情到别人的大事小情，无一不在我们忧虑的范围内。我们担忧孩子的前途，担忧爱人是否感到幸福，担忧父母是否能健康地度过晚年……

这些忧虑对我们来说有什么意义呢？忧虑对我们最直接的作用，是占满我们无所事事的时间和避免我们去做事情时遇到困难与风险。而忧虑的深层寓意，是表明我们是具有良好品质的人。我们为别人担忧，可以体现出自己对别人的关心及自己的和善。我们为自己忧虑，表明自我并不想让现状这样糟糕，也很希望自我能过得好。自己并没有破罐子破摔，只是现实太残酷，是现实让自己无能为力。我们从忧虑中找到了自我需要的东西，逃脱了自己失败的责任，同时在忧虑中获得了自我安慰。

当我们被现实从梦中唤醒后，在现实和理想的差距面前，我们不是直面现实，并从当下开始行动，奋起直追，而是无意识地为自我辩护，为自我开脱，习惯性地抄近路以拥抱伪快乐，还认为在我们触及不到的地方，有我们想要的一切美好和快乐。那么，就算我们的人生有再大的抱负、再多的憧憬、再多的梦想，也将葬送在自我思想的世界中。

逃避现实的时候，我们在自我思想的世界里捍卫着自我虚幻的美好形象。我们只是用这种方式进行自我迷惑，并没有为改变现状采取任何实质性的行动。

回到当下，我们滋生的伪快乐是：自我也不想这样，我也很希望自己能过得好，我也很关心别人。

第三章

咀嚼思想游戏

CHAPTER 3

1. 咀嚼思想就是在编故事

很多人认为思想是理性的表现，但是当我们咀嚼思想的时候——翻来覆去、冥思苦想，就是非要在思想中整出点事情来，把事情弄个明白。面对不如意的局面，人们习惯在思想里与现实抗衡。这会使原本没有什么大不了的事情，变得让自己无法面对和无法接受。咀嚼思想会给人们带来很多的烦恼和痛苦。尽管如此，很多时候我们还是会沉迷于咀嚼思想。那么我们从思想中获得了什么呢？

网上有一段测试女朋友脾气好坏的视频。一个男孩在接受摄制组采访的时候说自己女朋友的脾气很好。真的是这样吗？测试开始了。

他们来到一个餐厅，然后男孩借口上厕所离开了一会儿，把手机放在了餐桌上没有拿。这时摄制组的工作人员拨打了男孩的电话。来电显示的头像是个美女的照片，联系人名称也起得很暧昧。这是摄制组提前设计好的。女友看到有来电，把手机拿过来看了一眼，然后又放在一边。接着男孩回来了。女友对他说："有你电话。"男孩看了看什么也没有说。这时女友看上去有点不耐烦，沉默地吃着盘子里的东西。过了一会儿，男孩还是没有开口说什么。女友便开始用力地搅动盘子里的食物。接着，她实在忍不住了，问："刚才是谁的电话？"男孩敷衍地说："一个同事。"女友没有追问，但气氛开始紧张起来。女友的表情更加凝重了，好像在等着男孩给出更多的解释。但是，男友并没有那样做。这时意想不到的事情发生了，女孩拿着手中的叉子开始敲桌子。一边敲一边说："同事？同事怎么会用那么亲密的名字？"眼看就要吵起来了，摄制组的人赶快出来圆场。

我们先来看一看，女孩在一言不发的时候，都在做什么。她是脾气好、能忍吗？当然不是，她是在咀嚼思想。开始她没追究，那是她在等男友主动交代。这时她在想："我看你怎么给我交代。"可是男友无动于衷。于是，她又想："你竟敢当什么事情都没有发生！你当我是傻子啊？当我没有看见吗？我看你能忍多久。"她想："只要你能解释，我说不定可以原谅你。"可是，男友依旧没有反应。她便开始用力搅动盘子里的食物，以此暗示男友有情况。男友还是默不作声。这时她想："你这个浑蛋，还真想瞒下去啊！"冲突终于爆发了。

你注意到了吗？在整个过程中，男孩什么都没说，全是她一个人在那里想。她在围绕刚才的电话翻来覆去地想，但是又想不明白。于是，她迫切希望男孩主动交代，可是男孩又像没事似的，结果引爆了这场冲突。

我们每个人都有这样的时候，在大脑中不由自主地咀嚼思想。很多时候，我们知道自己这样想可能是多余的，知道这样做自己会很痛苦，可我们就是无法停止去想。为什么我们阻止不了自己去想呢？

人的大脑时刻在对眼前注意到的事物做着解释，而这种解释是强迫性的。美国的心理学家迈克尔·加扎尼尔通过一系列研究发现，人的解释机制发生在左半脑，所以左脑就是人的“解释器”。人的大脑会强迫性地组织碎片化的信息，然后编成故事——做出解释，来获得自我的掌控感。上面的女孩就是在根据碎片化的信息——一个来电、一个亲密的称谓、男朋友的没有反应……不断地进行解释和编故事，试图搞明白到底发生了什么事情。没用多久，她编导的剧情就将自己点着了，她开始向男朋友发飙。这就是咀嚼思想的结果。那么，人们为什么要强迫性地解释事物呢？那是因为人们从解释中体验到了自我感。当人们在解释的时候，会体验到有个主体在阐述、在理解、在描述，而这个主体就是“我”。通过解释，人们体验到“我掌控着这个世界，我理解这个世界”的自我感觉。

那么，你也许会好奇，她为什么不直接问问她的男朋友呢？因为一问，她就会感觉自己是小心眼，或者是在告诉男友自己太在乎他。可是，男友又没有按她期待的那样去做。于是，她试图通过咀嚼思想，来确定和掌控到底发生了什么事情。只能在思想里假设和想象，这让她很痛苦。她在思想里越咀嚼越火大，最后直接发飙。

面对不在自己掌控之中的状况时，自我会试图通过不断地咀嚼思想来搞明白到底发生了什么事情，咀嚼思想是人们在寻找掌控和确定的感觉。

2. 咀嚼思想是在让微不足道变得重要

生活中，我们的很多烦恼和痛苦都是因为把鸡毛蒜皮的小事情看得太重要了。这不但会造成我们的烦恼，甚至会酿成一些悲剧。其实，那些让我们感到痛苦和烦恼的事情，真的没有那么重要。但是，我们不免会想，既然没那么重要，我们为什么还会为这些事情烦恼，甚至会为此做出一些极端的行为呢？最根本的原因就是人们把这些鸡毛蒜皮的小事与自我关联在了一起。只要与自我关联在一起，再小的事情都会让我们强迫性地通过咀嚼思想让事情变得重要。

当我们失恋的时候，我们会感到自己活不过今天、熬不到明天了，再也找不到自己喜欢的人了，所以生不如死。在我们生意失败的时候，我们又会认为自己再也无力回天了，人生从此一败涂地，再也没有机会了。如此等等，都是因为人们把一件平常的小事和整个自我、整个人生联系在了一起，所以才会感到事情无比重要，自己无比痛苦。可是，回头看看，曾经我们认为的那些意义重大的事情，在今天看来似乎毫无意义，甚至有点可笑。当时人们感到重要，是因为人们停留在思想里，思想制造出了这种重要感。这是思想的作用，而并非事实真是如此重要。

咀嚼思想产生的这种重要感，不但制造了我们的烦恼和痛苦，也很有可能会要了我们的命。湖南娄底某小学曾发生了一起悲剧，六年级男生小吴（化名）在上课时间突然冲出教室，从教学楼四层跳下，最终经抢救无效身亡。

12 岁的小吴在别人眼里是一个活泼开朗的孩子，马上就要小学毕业了。事发当天要举行班里的毕业典礼，小吴还是主持人。然而谁都没有想到，就是在这一天，小吴竟然在学校跳楼身亡。

那么，当时到底发生了什么，能让小吴选择结束自己的生命呢？教室里的监控还原了当时的情况。早上 8:20，学校开始上课，这个时候教室里的座位被摆成一个“回”字形。因为当天下午要举行毕业典礼，所以在前一天，小吴和几名同学主动将座位摆成了这样。但上午还有课要上，老师讲课不方便，于是要求同学们把桌椅恢复原样。同学们便开始行动，甚至还帮小吴搬好了桌子，但小吴却拒绝搬动椅子。他待在那里一动不动，然后哭了起来。接下来出人意料的事情发生了。8:55，小吴突然一拍桌子，站起来冲出了教室，从四楼跳了下去。一场惨剧就这样发生了。

在这里我们不讨论责任在谁，也不追究现在的孩子是不是被惯坏了之类的问题。我只想和大家分析一下，在小吴坐在那里的那段时间里，他的脑子里想了些什么，因为这才是害死小吴的元凶。

面对这个事件，很多人都有同样的感觉，多大点儿事啊，至于这样吗？我们前面说到了重要感。事情重要不重要，不是看它实际上有多大意义，而是要看我们的思想是怎么认为的，要看我们是怎么想的。也就是说，重要不重要，要看我们的脑子怎么想。很明显，小吴把这样一件普通的小事看得太重要了，重要到让他无法承受，无法面对，以致酿成了这样的惨剧。

让一件事情变得重要，需要具备两个必要的条件。第一个条件就是要让事情停留在思想里。我们让一件事情停留在思想里的时间越长，事情就会变得越重要。我们不断地思想，就是在让思想变得重要。在小吴坐在那里一动不动的几十分钟里，他的大脑并没有停着，而是在思想。思想自己的一片好意，换来了老师的否定；思想不是说好了今天是毕业典礼吗，为什么还要上课；思想我坐在这里如此委屈，你们却一点反应也没有，我要让你们后悔。结果一丁点儿事情就要了他的命。

所以，在我们自己遇到挫折的时候，一定不要一个人长时间待着，这不是一件好事。遇到这样的情况，我们要主动转移注意力，主动找点事情做。做什么都行，就是不要一个人瞎想。同样地，如果我们身边的人在我们面前有这样的表现，应该引起我们的注意。因为我们的无视，恐怕是把他推向悲剧的另一种力量。

这件事情对小吴来说之所以如此重要，是因为小吴把搬桌子这件小事和自己整个人关联了起来，认为自己做了件好事，却没有得到老师的表扬，反而还被要求把桌子搬回去，这否定了他的好意。更重要的是，在几十分钟的时间里，老师和绝大多数同学都没有特别顾及他的感受，没有人去理他。这种无视对他来说是一种莫大的侮辱。这等于无视他的存在，等于否定了他整个人。他认为，一个人的自我被否定，最有效的报复方式就是让那些无视他的人后悔。所以，小吴才做出了这样极端的事情。

一件微不足道的事情，在自我思想介入后，通过不断咀嚼，原本不重要的事情也会变得非常重要，一件毫无意义的事情也会变得意义重大。

3. 咀嚼思想是在填补内心的空虚

在状况不确定或者威胁到人们的自我价值时，人们会试图借助咀嚼思想来解决问题。如果当下没有什么需要人们关注和思考的事情，也就是在人们感到空虚和无聊时，人们也会去咀嚼思想。人们会把注意力放到过去或未来，去咀嚼一些对自己有一定影响的事情，以此来找到自我存在的感觉。

人最无法面对的是空虚和无助。我们的大脑通过不断地咀嚼思想，把空虚的时间填得满满的。我们也可以通过咀嚼思想寻求自我的存在感。我们咀嚼思想时就像狗在啃狗咬胶一样，越嚼越有滋味，越嚼越觉得是在嚼真的骨头。被我们的思想反复咀嚼的事情，越来越像真实发生的事情。很多脑神经科学家研究发现，当人在咀嚼思想的时候，想象制造的感觉和事情实际发生了一样真实，甚至很多时候比实际情况还要有真实感。

我们的思想喜欢回到过去，篡改某一事件的情节，而且思想对那些伤害过我们或让我们感到懊悔的事情情有独钟。思想总是把过去的我们塑造成无所畏惧的英雄或悲惨的受害者。“如果怎么样，也许怎么样”“假如怎么样，就会怎么样”，这些是思想回到过去时我们常用的口头禅。

如果我们的思想在过去不能喂饱自己的肚子，就会溜进未来。未来留给它的空间要比过去宽敞得多，简直是海阔天空。在那里，它可以尽情地打滚、撒欢；在那里，它可以把所有的可能性变为现实；在那里，它总能看到那个舞台是给自己的，那些掌声也是属于自己的，那些车子、房子及所有想要的都是自己的。这时它的潜台词总是：“有一天”“总有那么一天”“会有那么一天”……在未来，我们的思想有既能摘星又能揽月的本领。

不管我们的思想回到过去还是奔向未来，都是为了把当下的空隙塞满。如果我们的思想实在找不到什么值得咀嚼的事情，那么它就会开始咀嚼生活中那些鸡毛蒜皮的小事。

比如，你呆坐在那里，想到今天和两个朋友一起吃晚饭的事。谈到年龄的时候，他们说你这张娃娃脸到 40 岁也会显得很年轻。你心里美滋滋的，看来自己在他们心中是很漂亮的。你说自己不能吃辣，他们就没有点太辣的菜。你很高兴，看来他们是很关心自己的。结账的时候，他们抢着付钱，看来他们很希望常和你一起吃饭。可是你又想，自己没有开车送他们回家，是不是显得很不够朋友。就这样，你可以把一次普通的聚会演绎成一部连续剧。

事实真如我们所想的那样吗？不管是不是，我们都没有必要查证它，因为根本就没有意义。只要自己愿意，我们还可以想象得更美好一点。我们要知道，如果不把自己的注意力转移到别的地方，我们的思想就会像《大话西游》里的唐僧，在我们耳边嗡嗡地叫个不停。

我们的思想除了喜欢咀嚼一些鸡毛蒜皮的小事以外，还喜欢无中生有地创造一些情景。

有个女孩很喜欢自己刚交的男友。一次闲聊中她说："我害怕他将来会离开我。他很有能力，也很上进。我很担心将来他事业有成了会抛弃我，我好害怕那一天的到来。不过我能感觉得出他很喜欢我，我们都打算生小孩了。可是话又说回来，其实我不是那么喜欢他，到时候还说不定是我抛弃他呢。如果真的有一天他有所作为了，肯定会有很多漂亮女孩围着他转。我才不和她们争呢，那时候我就悄悄地离开他，让他永远都找不到我。真不想让他有什么成就，就这样和我踏踏实实地过日子多好啊……"如果你愿意听她说下去，估计她也不知道自己什么时候能停下来。我只能说："你真是块儿做导演的料啊！"其实我们每个人都是当导演的料，只是我们没有留意自己这方面的才华罢了。

我们通过不停地咀嚼思想来寻找自我感。我们恐惧无所事事时的迷茫和无助带来的自我感萎缩。所以不管事情是好是坏，是欢乐还是痛苦，只要是能让我们感觉到自己存在的，就会被思想抓住不放，而且我们也总能从中品出可以取悦自己的味道。

别看这些只是我们的胡思乱想，却会对我们的生活产生实质性的影响。咀嚼思想让我们把不存在的事情制造成事实，把一些小事制造成大事。我们在咀嚼思想时虽然获得了自我感，但咀嚼思想往往就是在扭曲事实，就是在把简单的事情复杂化，其结果还是给自己造成痛苦。

4. 想就等于不想：捷足先登的思想

我常说我们应该少想多做。但很多人认为，不想明白了怎么能行？其实，想就等于不想，思想就是结果。对于这种解释，很多人感觉不可思议，不明白为什么。难道我们去思想不是为了找到正确的方法，或者得出正确的结论吗？难道我们的思想没有价值吗？接下来我们就看一看，为什么想等于不想，为什么思想就是结果。

首先我们来看一下，当我们在思想的时候，都在做什么。我们来看一下莉莉某一天的遭遇。

那天是个特别的日子，莉莉特意化了个漂亮的彩妆。她愉悦地走进办公室，但没有人注意到她的漂亮。她的心情像被吹了一点小凉风。

接着，主管通知她要在下班前完成手上的策划案。她在心中不情愿地念叨：“不是下周才交稿的吗？”但她只能按捺住自己的不情愿，尽快做好手头的方案。她没有时间吃午餐，只好用饼干充饥。

下班后，她和同事一起走出办公室。同事说她的灰色围巾搭配今天的衣服显得她特别胖。此时，这条她特意搭配的围巾，再也抵挡不住风的冰凉。

她到家后累得躺在沙发上，让老公给她倒杯水。结果令她很生气，因为水居然是凉的。

直到晚上要上床睡觉了，老公都没有什么反应。这时她的心情是凄凉、悲凉的（我想应该是拔凉拔凉的），她再也忍不住在眼眶里打转的眼泪。老公见此情景，也没有什么反应，还若无其事地走开了。这时莉莉连死的想法都有了。

没过多久，她老公端进来一个大蛋糕，对她说："宝贝！生日快乐！"而且还补了一句："我会爱你一辈子。"

从莉莉这一天的经历中可以看出，很多时候，我们做事情之前都会带着主观的思想预期，预期自己的行动能够达到某种效果。其实，这样的思想往往是烦恼的开始。

这就像莉莉那郁闷的一天。她早上精心化了彩妆，并且特意搭配了一条漂亮的围巾，她期待别人会注意到自己的美丽，可结果不但没有得到别人的赞美，还被泼了凉水；早上出门前，她期待迎接她的是轻松愉快的一天，结果老板要求她提前完成工作，这让她连午餐都没来得及吃；期待老公能体会到自己的辛苦，为自己倒杯热腾腾的水，可得到的竟然是一杯凉水；期待老公会记得自己的生日，但是他好像根本不记得了。

我们的思想习惯预演有利于自我的事情。我们只要停在思想里，就在根据自己的意愿预设未来。当莉莉想象这是特别的一天时，她便做了很多预设，可结果一切都不是自我想象中的样子，这让她大失所望。正是对这一天的预期太高，才使她感觉很痛苦。如果我们预设的未来是不利于自己的，结果又会怎么样呢？

如果莉莉认为今天是不幸的一天，今天同事一定会嘲笑自己，今天一定会加班到很晚等。那么结果是她会带着这些预设去看别人，会把别人没有任何目的的行为，解读得符合自己的那些想法。她会认为别人都在针对自己，为难自己。结果这同样会变成不愉快的一天。我们想得越多，不能如愿的事情也就越多。因为我们只要在思想，就是在预设。这就是思想的一个本质。而未来的一切都是不确定的，思想的本质就是在给自己挖坑。

如果她不去预设那么多，只是简单地去做；如果她打扮得漂亮只是为了让自己开心，而没有期待得到别人的赞美；如果她不期待在自己的生日这天，别人能给予自己特殊待遇；如果她能直接告诉爱人，给自己倒杯热水；如果她不期待爱人记住自己的生日，并以此证明对方对自己的爱；如果她不借助别人对自己的认同，来体现自我价值和获得自我的良好感觉，那么她的生活中将会减少很多烦恼和痛苦。这样她就不会有那么多的烦心事，就不会认为别人是在针对自己，或者不在乎自己。总之，无论你想象得过好还是过坏，都不如不想，因为一切的痛苦都源自一念之间。想就只是在预设，而不是事实。所以，想就等于不想。

5. 想就等于不想：一蹴而就的思想

想就等于不想的另外一个原因，是人们只要停留在思想里，就是在找捷径，就是在试图省掉过程，直接拥抱结果。但事实上这是不可能的，什么事情都会有过程，没有过程就没有结果。

我见证过一个女孩的减肥史。她身高 163 厘米，体重 53 千克，总是嫌自己太胖。这种想法促使她开始了漫长的减肥历程。这个过程很漫长，但却充分体现了她寻求减肥捷径的能力。

起初，她只是不吃早餐。半个月后，仅减掉了一千克。然后，她又开始不吃晚餐，坚持了一个星期，效果仍不是很明显。自此她开始寻求各种减肥方法，什么吃药片、闻香包，她都试过了。她每次都坚持半个月，但始终没见到明显的效果。

接着她发现了新的领域，按摩、SPA、针灸……常见的及不常见的方法她都试过了。只要速效减肥的方法被她发现，她准会一把抓住。但每种方法她都坚持不了多久，便转向下一个减肥的快速通道。

这个女孩的减肥过程，是人们追求捷径的一个缩影。生活中的方方面面，无不渗透着人们对捷径的情有独钟。

为了省去锅碗瓢盆之累，我们选择方便面、速溶咖啡、速冻水饺；为了省去清洗过程，我们选择一次性袜子、一次性内裤；我们习惯性地选择精华的、浓缩的、全效的、速成的、智能的……只要能让我们省时省力的，我们甘愿为其自解腰包。

商家利用了我们对捷径的需求，在产品广告中为我们精心准备了一桌又一桌的捷径“大餐”——45 天让你说一口流利的美国英语、15 天让你甩掉腰部赘肉、7 天让你戒掉烟瘾、使用 30 天让你年轻 10 岁……

利用这种手段的商家总是能够得逞。不管是空投还是直达，只要是能帮我们直接达到预期的快捷方式，我们就会毫不犹豫地一把抓住，直到出现让我们心灰意冷的结果时才会放弃。但是，下次再遇到通往目标的捷径时，我们还是会毫不犹豫地扑上去。

其实，一旦目标设定，我们就会在思想中寻找捷径，就企图找到省时省力的方式，直接拥抱目标。只要我们沉浸在自我的思想里，就是在做一件事——寻找捷径。思想本身就是我们生存的捷径，沉浸在思想里就是在走捷径。我们的思想总是倾向于关注离自己最近的事物，总是选择可以直接通向目标的道路。我们想要的是立竿见影，希望凡事都能一蹴而就。我们总是企图避开错综复杂的过程，绕过那些拦住我们去路的障碍，找到省时省力的方式到达目的地。这样做的结果，只能证明那是自己一厢情愿的想法。因为现实根本不会配合我们的意愿。就像我的那个朋友，有了减肥的想法后，她就开始不断地寻求减肥的捷径。只要有让自己不费力气就能达到目标的方式，她就会一把抓住。可是，在现实中哪有捷径可走？胖子不是一天两天吃成的，想用几天时间就瘦下来，那怎么可能？但我们的思想就是认为什么事情都有捷径可走。只要我们停留在思想里，就是在寻求达到目的的捷径。可捷径是一个根本不存在的东西，在现实中根本没有捷径可走。

如果在现实中寻求捷径无果的话，我们就会省去面对现实的过程，选择沉浸在自我思想的世界里，享受寻求捷径的最高境界——等待。等待是思想的终极捷径。我们会任由思想对现实进行解读和诠释，而自己躲避在温馨舒适的安全地带，不去尝试不去行动。在思想里，我们总能把未知的或不确定的诠释得很好或很差。很好是在告诉自己，现在已经很好了或是等到明天一切都会好的。很坏则是告诉自己风险太大，不值得去做，也没必要去做。

伪快乐是我们在追求快乐和成功时，省去现实中烦琐的过程，在思想中找到的捷径。我们在自己的思想里找到让自己感觉很好的捷径，于是，我们省去追求快乐和成功的过程，借由思想反应给自己快乐和成功的感觉。这样做，使我们把快乐和成功连同自己的人生一起终结在自己的思想里。

我们说服了自己，在思想中等待着现实中的一切万事大吉。在各种让我们获得自我良好感觉的途径中，没有什么比在自己大脑里想一想、反应反应、解释解释更近的路了。一切都可以在大脑中完成，而去做、去尝试、去体验、去冒风险，比起在大脑中冒几个泡泡，实在是让人感觉路途遥远。

这个世界上没有什么魔法，能使我们毫不费力地发生奇迹般的变化。如果有的话，那一定是我们沉浸在自己的思想里了。我们沉浸在自己的思想里，就是在预设有利于自我的行为，也就是在走思想的捷径。这样，我们也就将自己的人生省略在了自己的思想里。所以，这样看来，想就等于不想。

第四章 彼此消费游戏

CHAPTER 4

1. 跷跷板游戏

人们的很多不如意都是由社会比较产生的，并不是自己就真的愁吃愁喝，无法生存。所以很多时候人们的挫败感是社会比较的结果。同样，很多时候人们的自我良好感觉也是与他人比较的结果。所以，社会比较对人们获得自我良好感觉和糟糕感觉起着至关重要的作用。人们通常从“我比你好、我比你强、我比你懂”这样的比较中，获得自我良好感觉。从小张和小李下面这段对话中可以看出，我们在与别人沟通的时候，是如何把自己伪装成我比你好的样子的。

小张和小李好久不见，见面后他们开始寒暄。

小张："最近过得怎么样？"

小李："忙得要死，所以一直没有时间和你聚聚（我是个有很多事要做的人，我的时间很珍贵，我的生活很有意义。），你呢？最近在做什么？"

小张："简直累坏了，最近刚完成一个知名品牌的全国路演。"（我不逊色于你，能做知名品牌的项目可不是件容易的事。）

……

在这段话中，看上去小张似乎更胜一筹。但接下来小李会想尽办法把失去的自我良好感觉找回来。

小张："这家店咖啡的味道还可以啊！"（不是最好的，我喝过比这家还好的。）

小李："我很喜欢来这家店喝咖啡，他们有自己独到的工艺，而且这里的环境让人感觉很温馨，所以才约你来这里的。"（怎么样，我的眼光还可以吧，我对咖啡有研究。）

小张："我常去一家意大利咖啡馆，那是全北京最好的咖啡馆，有空我带你去啊！"（这算不了什么，我去过更好的。小张又试图把优势扳回来。）

……

当我们用心感受人与人之间的交流时，就会发现，原来人们并不是在和别人说事实，而是在证明自己比别人过得好。人们把自己过得好建立在别人不如自己的基础之上。人们的好，需要用别人的不好来衬托。小李说自己忙得要死，这话让小张感觉好像就自己整天闲着没事干，只等着和小李约会似的。这时小张的自我价值感出现萎缩。所以，接下来他便试图将萎缩的自我价值感找回来。他说自己累坏了，在做大公司的全国路演。他以此来扭转局面，让小李知道自己做的是大事，并不次于他。

在这个话题上，小李似乎没有占到什么便宜。你认为他会放弃吗？当然不会！他会在下一个话题中，再把局面扭转回来。在喝咖啡的话题中，小李试图通过证明自己对咖啡的品位比小张高来将刚才的局面扭转过来，使自己萎缩的自我价值感再度膨胀起来。结果小张也没有轻易认输，他说自己知道最好的咖啡厅在哪里。

人与人在一起，很多时候是想通过与别人比较，来体现自己的存在是有价值、有意义的。大部分人在与别人沟通时，都是为了达到这样的目的。所以人与人之间的沟通，就像是在玩跷跷板游戏。大家就这样互相压制，只要把对方的价值感压下去了，就感觉自己活得有价值，就会自我感觉良好。在这一上一下之间，我们都在对方身上寻找自己的价值感和优越感。我们的生活、我们的人生，就是没完没了的跷跷板游戏。

“你知道吗？”“你明白吗？”“你懂吗？”“让我告诉你吧！”如果与别人沟通时，我们的话语中带有这样的口吻，那就是在制造一种信息的不对称。这样就会产生一种施与受的不平衡状态。我们证明自己知道的比别人多，就是想以此暗示自己比别人高明、比别人优越。在证明自己比别人好这方面，人们可谓是花招百出。

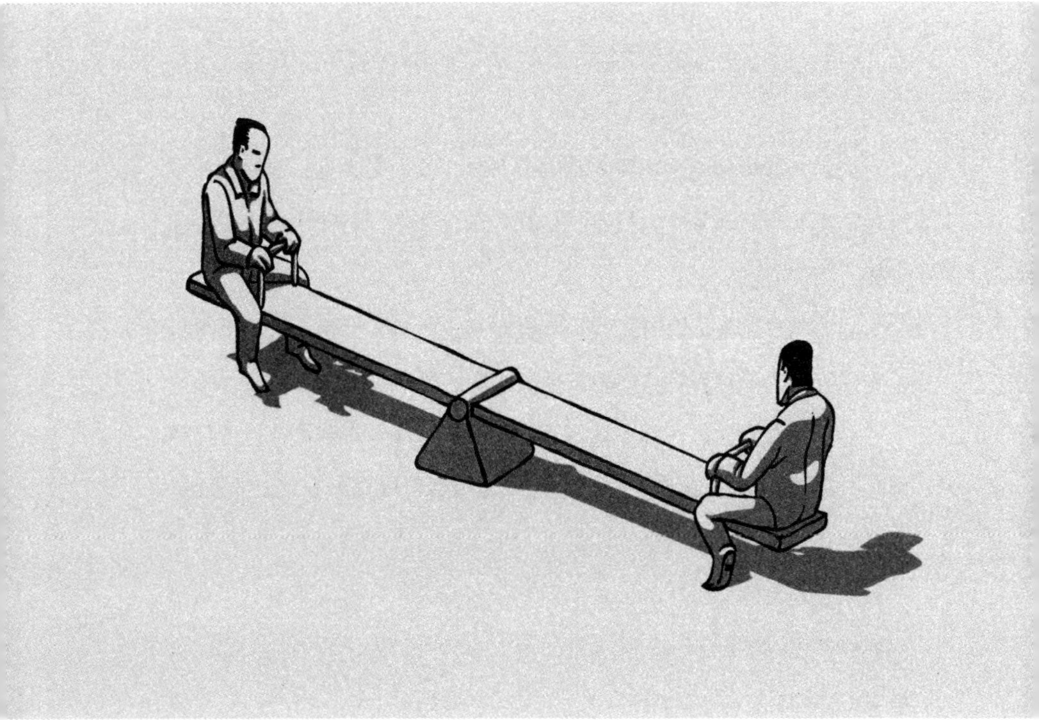

当别人懂的比我们多时，我们企图把其解释为，那不过是纸上谈兵罢了，不切实际，而自己虽然懂的没有对方多，但是既现实又踏实。

当对方拥有的比我们多时，我们会把其解释为他有个好爸爸，他一时走运罢了，他做事不择手段罢了，他的内在不一定像外在一样富有。

当别人炫耀和某个重要人物的关系时，我们又会说，那有什么了不起？那又不是他亲爹，只不过是吃顿饭合个影，有什么大不了的？虚伪。

别人明显比我们好时，我们就会对其进行负面评价，以此消除自己比别人差的感觉，解除心中产生的冲突。

当我们依赖通过对别人进行否定、贬低、评判来获得自己的优越感时，就进入了必须让别人不如自己，才能活得快乐和有意义的误区。这就会让我们觉得，自己的不好是由别人比自己好造成的。这样我们很容易被别人的言行控制。我们只要发现别人的言行中稍有一点威胁到我们的优越感的苗头，就会竭尽全力去打压别人，否则我们的优越感就会萎缩。

人们总是想用各种各样的方式，让自己在跷跷板游戏中压过对方。可是我们都想要压过对方，谁又肯服输呢？跷跷板的游戏就是这样，有一个在上的，就必定有一个在下的。这就是我们的生活、我们的人生——没完没了的跷跷板游戏。

2. 苦中作乐游戏

在跷跷板游戏中，我们采用的是正向维护的方式来获得自我良好的感觉。也就是说，采用证明我比你强、比你好的方式来获得自我良好的感觉。从下面这个案例中，我们会发现，反向维护也是我们获得自我良好感觉的一个常用伎俩。下面是小蔓向朋友倾诉的一段话。

小蔓说："前两天，我去成都旅游。我老公一天到晚不停地打电话给我。我去了还没半天呢，他就问我什么时候回来。烦死我了，我都快要崩溃了。我也需要一点个人空间啊。这一趟玩得不是很开心。"

小蔓采取的就是一种反向维护的方式。反向维护是通过展示自己的痛苦，比如自己很苦、很烦、受不了了等，来获得自我良好感觉。小蔓的说辞就是在反向维护她的自我良好感觉。从表面来看，她是在诉说自己的痛苦，但实际上她想说的是，虽然她结婚很多年了，但老公直到现在还是那么离不开她、那么爱她。但事实是，小蔓的老公一年到头在外面忙，他们两人很难见上一面。小蔓经常会担心老公不再爱她了，也担心自己在朋友眼里是个婚姻不幸的人。她用这种抱怨的方式变相肯定了自己的幸福，从而获得了自我良好感觉。这就是苦中作乐游戏。在这样的游戏中，我们反向强调自己很有用，很有价值，强调别人黏着自己，离不开自己，以此来获得自我良好感觉。

人们总是用"烦死了、累死了、受不了了"来强调那不是自愿的，是别人黏着自己，是别人离不开自己，自己想摆脱却无法摆脱这种状况。没有人愿意让烦恼缠身，所以我们以此来暗示自己是迫不得已的。人们这样做，就是在反向维护自己的优越感，就是想要从中体现出自我的价值。

我们一定要记住，并不是在朋友面前谈及这些事情，就是在寻求伪快乐。一个人是否是在你面前装，要看对方的言谈举止中是否包含了带有强烈感情色彩的语言，是否在夸大事实。比如对方采用“烦死啦”“崩溃”等这样感情色彩比较浓的语言，就说明对方是在你面前装，就说明他试图通过否定来获得自我良好的感觉。

反向维护带有一定的隐蔽性，比正向维护更容易被人接受，更容易得到别人的认同。反向维护是以消极情绪来营造出一种真实感，用以迷惑别人，在别人浑然不觉的情况下使自己获得自我优越感，同时还能得到别人的认同。所以说，反向维护是一种可以让我们同时获得自我优越感和别人认同的方式。

3. “为你好”游戏

人与人的互动是在玩“我比你好，我是对的”这样的心智游戏。当人们在这样的游戏中占据绝对优势时，会进入另外一种游戏模式——拯救游戏。也就是说，他们会充当救世主的角色，试图来改变你。他们拯救你时都打着为你好和爱你的名义。

笑笑是个 30 岁出头的女孩，有份稳定的工作，待遇也很好，只是感情一直不顺，谈过几个男朋友，但都没有开花结果。最近她又换了一个男友，男孩的相貌、年龄和物质条件也都符合她的要求，只是男孩的性格让她不太满意。

笑笑是个有生活品位的女孩，有自己的爱好和追求。男孩正好与她相反，他生活简单又没有什么追求，对笑笑百依百顺。笑笑觉得作为一个男人，他应该有自己的主见和追求。虽然笑笑对他不太满意，但还是决定试着与他相处一下，看看男孩能不能有所改变。

笑笑认为男人应该多看一些经营管理方面的书籍，而不是去学什么灵修、瑜伽，所以她买了好多经管类的书送给男友。笑笑还经常在男友面前提及她认为的成功、有魅力的男人，希望男友向他们学习。

男友并没有让笑笑如愿以偿。后来笑笑和男友在对一件小事的看法上产生了分歧，而且他们都感觉自己是对的，都坚持自己的观点，两个人开始处于冷战状态。笑笑感觉很委屈，她说："他只要再改变一点点，我们就可以正式在一起了。我真的是为了他好，他怎么就不理解我呢？"

生活中，我们习惯性地想去改变和自己意见不同、观念不同的人，希望将他们变成自己所期待的那样。笑笑就是一个这样的人。我们可以回想一下，我们想要改变的人有哪些？是不是有我们身边的同事、我们的家人、我们的好朋友……我们会发现，原来自己希望改变的人是如此之多。

在这里可以思考一下，我们为什么希望别人改变？我们的理由通常是为了别人好。而去改变别人的时候，其实就是在指责别人的某种行为。这表明自己比别人强，自己掌控着事实和真相。我们认为别人应该成为某个样子，成为我们认为对的、好的样子。也就是说，我们认为只有活成某个样子才有价值和意义。就像笑笑对男友的要求——要看经管类的书。可是看经管的书就会成就一个人的人生吗？就能使人活得有价值吗？不见得。看看我们身边的人，有几个人生活的模式是完全一样的？我们不能因此就说别人活得不成功。所以，很多时候我们认为的好和对，只是我们的自以为是，我们为别人的好，只是我们对一种价值、一种意义或一种模式的迷信。我们打着为别人好的名义，试图将别人的人生塞进某种我们认为有价值和意义的模式里。这样，我们能从别人身上找到自我优越感、价值感、掌控感等自我存在的感觉。

以上是人们喜欢以爱的名义和为别人好的名义改变别人的原因之一。其实，这其中深层的原因是恐惧。

一个访谈类的节目谈到孩子的学习问题。女嘉宾是个 40 多岁的知名记者，她说："在学习上我很少严格要求我儿子。关键是他也不爱学习，他在班里的成绩一直处于偏后的位置。现在都 9 岁了还傻乎乎的，很多题都不会做。我感觉不用太刻意要求他学习上怎样，不要给他施加压力，让他有个快乐的童年最重要。长大了他喜欢什么自然会去学。"主持这个节目的是个资深主持人，他一脸不可思议地说：

“他现在是玩好了，可是将来别人都在做事的时候，他需要花更多时间来学习。你这等于是在透支他将来的时间啊。他是个孩子，什么都不懂。你得为他的将来着想。”他这样一说，那个女嘉宾好像开始质疑自己的想法了。她说：“这我倒是没有想过。”那个主持人继续说：“你不为他想，谁为他想？孩子巴不得每天都玩呢。”听到这里，女嘉宾点点头。听了这样的话，恐怕她回去就会开始改变自己对孩子的态度，开始每天督促孩子认真学习，生怕他被落下了。

从这段对话中我们可以看出，主持人认为现在抓孩子的学习，是为孩子的将来着想，是对孩子好，父母应该为孩子的将来负责。有了这样的理由，我们会理直气壮地想要去改变别人，结果是又一个孩子的快乐童年被合理终结了。事实上，一个人有没有未来，还真的不是学习好坏能决定的。你看看曾经和你一个班的好学生现在都在做什么。你就会发现，并不是像那位主持人说的那样，输了学习就一定输了未来。

需要深究的是，我们为别人好的理由背后是什么。答案是恐惧，对未来的恐惧，对不确定的恐惧。我们恐惧未来的不确定性和无法掌控，试图用过来人的经验，告诉别人事实是什么样子的。也就是说，每个为你好、爱你的名义背后，都有一颗恐惧的心。在爱的名义和为别人好的名义下，我们将恐惧传播给别人，让别人成了我们恐惧的牺牲品。

4. 都是你们的错

你是一个喜欢抱怨的人吗？或者说你是不是总有一些小情绪需要发泄一下呢？我们为什么这么喜欢抱怨，抱怨又能让我们获得什么呢？我们都喜欢抱怨，但是遇到喜欢发牢骚的人，你是不是也觉得挺反感呢？这是为什么呢？

阿勇一大早出门就开始唠叨了："今天也太热了吧，这是要晒死谁吗？"走进地铁他还是唠叨："地铁里人这么多，都快被挤成饼了，就不能加开几趟车吗？"他接完客户电话依旧抱怨："就给那么点钱，还这么多事，真没见过这么难伺候、这么抠门的人！"交房租的时候阿勇还是抱怨："怎么这么不公平呢？人家房子一拆迁，这辈子就不用工作了，而我就算不吃不喝，工作一辈子也买不起一套北京的房子！"很多人像阿勇一样，一天到晚全是不顺心的事，抱怨路太堵，抱怨人太多，抱怨老板太苛刻，抱怨同事心机多，抱怨别人态度差，抱怨自己付出多等。只要我们留意自己的言行，就会捕捉到自己抱怨的痕迹。只要愿意，我们就可以轻而易举地抓到抱怨和指责的对象。你是否发现，这些抱怨中隐藏着深层的含意："我是一个受害者，一切都是冲着我来的。这些事情搞得我心情不好。我是多么可怜和无辜。"如果认为事情是冲着自己来的，那么我们对外在世界的解读，就会产生巨大的偏差。

听到阿勇的话，你是不是顿时对他产生了一丝怜悯之情呢？其实，抱怨在很多时候是暗指自己是个受害者，暗指自己是对的，自己很委屈，自己受到了不公平对待，自己不被尊重等。“我”的这些不如意是谁造成的呢？当然是“你们”了。人们用抱怨、发牢骚、宣泄的方式把自己不如意的责任推给别人。我们的目的是用一种隐蔽的方式，来掩饰自己生活不如意的一面，为自己的不如意找到一个替罪羊——你们。

其实，我们抱怨的时候，就是在给自己制造敌人。当我们抱怨天气的时候，我们就会恨天气；当我们抱怨地铁人多的时候，我们就会恨地铁的管理者；当我们抱怨客户的时候，客户就成了我们的敌人……我们抱怨什么，什么就和我们敌对起来。所以，在一个抱怨者的心中，总是有很多敌人。抱怨会改变我们的行为，改变我们为人处世的方式，因为我们是不会以对朋友的方式来对敌人的，是不是？结果就是当你抱怨地铁挤的时候，你便不肯让座，还随便扔垃圾；当你抱怨客户的时候，你对客户就没有了耐心，没有了诚意。所以，你的生活中处处是冲突、处处是仇恨。

抱怨的人让人很反感，还不仅是由于这些原因。更加重要的是，当我们在抱怨的时候，就是在变相告诉别人，自己也不喜欢自己，自己也讨厌自己，自己的生活失控了。当你抱怨天太热的时候，别人怎么看你？你傻啊，不会打把伞吗？也是在抱怨自己：笨蛋，不会打理自己的生活。当你在抱怨地铁挤的时候，其实也是在抱怨自己：蠢货，不能让自己过上舒服的生活。当你在抱怨客户抠门的时候，其实也是在抱怨自己没能力找到一份更好的工作。当你在抱怨自己买不起房子的时候，也是在抱怨自己不能赚到更多的钱。

无论我们抱怨什么，都是在对抗自己、抵制自己、逃避自己。这证明你并不爱自己，不会经营自己的生活。如果连自己都讨厌自己，那别人会喜欢你吗？抱怨、发牢骚、宣泄是在和自己过不去，是在告诉别人，自己有多么讨厌自己。这对自己有什么好处呢？一点也没有，不是吗？

当我们抱怨和指责的时候，就是在给自己制造痛苦。我们就成了抱怨这一行为的真正受害者。抱怨让我们沉浸在痛苦中无法自拔，让我们丧失了积极改变自己、适应现实的能动性。

我们一定要记住，也许抱怨是无意识的行为，但没有人愿意和一个满腹牢骚的人在一起。消极和负面的情绪会影响到别人，别人会对抱怨者敬而远之。

我们仅仅为了从抱怨中获得一点微弱的良好感觉而使自己被孤立起来，实在不是件划算的事。我们的意图是获得别人的同情、怜悯和认可，但是适得其反，这样做只能让别人认为我们是个可悲和软弱无能的人。

5. “入侵”游戏

其实很多时候，我们可以很开心、很享受地去做一件事情，但是不管我们做什么，做着做着就没了兴趣，就开始感觉很无聊，甚至是很痛苦。这是为什么呢？这是因为人们习惯性地想要对别人的生活指指点点，想从中体验到自我良好感觉。

我在开篇时说过，每个人都是“病毒”携带者，也在不停地把“病毒”传染给他人。所以，在人与人的互动中，最大的目的是入侵——影响他人、控制他人。

网络上有这样一个小故事，说父子俩牵着一头驴进城，半路上有人嘲笑父子俩：“这两个笨蛋，有驴不骑！”父子俩感觉别人说得有道理，有驴不骑实在是太傻了。于是，父亲就让儿子骑在了驴背上，继续往前走。走了没多远，又遇上一个人。那个人指着骑驴的儿子说：“你这孩子真不孝顺，竟然让自己的父亲走路，而自己骑驴！”儿子听到这话感到很惭愧，于是赶快下来，让父亲骑到驴背上，继续往前走。走了一段路，又碰上一个人指着父亲说：“你真是狠心的父亲，也不怕把孩子累着！自己一个人骑在驴背上逍遥自在。”于是父亲连忙让儿子一起骑到驴背上。

谁知还没有走出几步远，又遇上一个人指着他们说：“你看看，这两个人没有一点爱心，都骑在驴背上，也不怕把那头驴给累死。”于是两个人赶忙跳了下来。两个人感觉骑也不是，不骑也不是，那该怎么办呢？父子俩只好把驴的4条腿绑起来，用棍子扛着继续往前走。可这时，又有人嘲笑他们了：“这两个蠢货，驴是用来骑的，不是用来抬的。”结果父子俩都快要疯掉了，不知道如何是好。

这是一则很好笑的寓言故事，但是在我们的生活中，这种情况每时每刻都在发生。只要你在做事情，就会有人对你指指点点。说你这样做不好，那样做不对，这样太蠢，那样太傻。即便什么都不懂的人，也很乐意对你指指点点。

爱对别人指指点点的最重要的原因就是他们的自我价值不足，想借助自己知道的那点经验来为自己撑门面。对别人指点欲望强烈的人，他们普遍都眼高手低，行动力不强，他们只善于想而不善于做。同时，他们看别人做什么都不顺眼，因为他们认为自己比别人强，可是他们却什么也没有做。另外，他们做什么都不能用心，因为他们对什么都不感兴趣。由于他们拖不动自己沉重的身体，他们的价值无法用行动来实现，所以只能用嘴来表达。他们只能从对别人的指点中获得自我价值感。只有在对别人指指点点时，他们才感觉自己比别人强，感觉自己活得有价值，才能找到自己存在的感觉。这就是为什么网络上喷子那么多，见什么喷什么。喷子不但在找价值感和存在感，他们也通过喷别人来把自己当成受害者，认为自己的不幸、不快乐是别人造成的。这是他们维持自我良好感觉的重要途径，否则，他们的精神就会出现问题。

你是对他人指指点点的人呢，还是被他人指指点点的人呢？其实，大部分人这两者都是。前面我们说过，我们既是被影响者，也在影响别人。活在自我世界里的人，都会有自我价值匮乏的问题。也正因为人们缺乏价值感，所以才特别在意别人怎么看自己——试图得到别人的认同，同时也想要对他人指指点点——体现自我的价值。这样一来，他人就是你的地狱。他人的任何指点都会让你承受不了，让你迷失方向，不知道该如何是好。反过来呢，我们也是他人的地狱，总想去影响和控制别人。

太在意别人怎么看自己，是活在自我世界的人的一个重要表现。现在你明白自己的生活是怎样被毁掉的了吗？自我不断地把别人导入自己的生活，让你太过在意别人对自己的看法，让你不能按自己的意愿去活，并最终毁掉了你的生活。

接下来我们具体来看一下，我们都是怎样入侵别人大脑的。方式有很多，但总的来说，就是在一个人的生活中导入别人，拿他与别人进行比较，比如以下这些做法。

（1）拿他与比他过得好的人比较。例如，一个人想去做自己喜欢的事情，你说："你最好实际点儿。看看和你一起混的那些人，人家都买了房和车了，你也应该务实一些。"

（2）拿他做的事情与别人比较。比如对他说："你也做公司，多向人家 ××× 学学。"

（3）拿他的行为和一个大家认为好的、对的标准比较。比如对他说："你应该多听听别人的意见，不要一个劲儿地单打独斗"。（善于听取别人的意见是一个好的标准）

总之，只要能在与他相关的任何一件事情中导入他人，他就会开始质疑自己是不是做错了，就会认为自己的能力有问题，感觉自己不如别人，就会开始怀疑自己，开始迷失。接下来，他就会感觉自己活得没意思，也没有意义。这个时候，他就被成功地毁掉了。现在你知道了自己是怎样毁灭别人的，也就知道了怎样避免被别人毁灭，因为别人也在这样折磨你。

第五章 “自废”游戏

CHAPTER 5

1. 自己这样做是发现了其中的价值

有一个很爱玩游戏的朋友，总是玩游戏到很晚，导致眼睛发炎和腰肌劳损，因而被迫停止了工作。我见过他玩游戏时全情投入的痴迷状态，跟他开玩笑说：“你上班时就像在点爆竹，随时要跑；玩游戏时就像在冬天沐浴着春天的阳光，心醉神迷。”我也曾无数次地劝过他：“这样下去对身体不好，白天已经在电脑前‘烤’了一天了，晚上还要继续，眼睛非瞎了不可。”

你知道他是怎么解释自己玩游戏上瘾的吗？他说：“玩游戏可以锻炼大脑的灵活性，玩游戏是年轻人的时尚，玩游戏是排减压力的好方法……”总之，冠冕堂皇的理由可以用筐盛、用车拉。

如果你也有玩游戏的爱好，那么你是不是有比他更精彩的解释呢？一次，他搬家时我去帮忙。有张大床要搬走，但是屋子的空间比较狭窄，搬家公司的人怎么也不能把床搬出去。他看得不耐烦了，上去指挥那些人，居然七扭八拐地把床抬出了屋子。

这时，他得意扬扬地说：“看到了吧，这就是玩游戏的好处。像你这样不玩游戏的人，是不会想出这种办法的。”我在惊讶之余补了一句:“你要是开个搬家公司,三年后一定可以上市。”虽然是个玩笑，但不难看出他是怎么处心积虑地维护自己迷恋玩游戏这件事的。他总想证明自己看到了事情积极正确的一面，而那些质疑和劝告他的人，只是看到了事情消极错误的一面。

我们每个人都或多或少有些坏习惯。虽然这些习惯影响了我们的身心健康，但它们始终伴随在我们身边，不曾被丢弃。之所以没有丢弃它们，是因为我们通过合理化解释，将这些坏习惯解释为好的，或者将它们视为不存在。

坏习惯需要我们花费很多精力去维护，这就已经证明它不像我们的优点一样让自己感到舒服。否则我们没有必要去解释，没有必要挖空心思地维护自己的这些行为。这些行为与我们理想中的自我形象产生了差距，我们需要通过合理化解释，将自己伪装成品行优良的人。只有这样我们才能心安理得地享受它们带来的伪快乐。其实，当我们费尽心机地维护自己的坏习惯时，我们就被这些坏习惯控制了。

我们听到过嗜酒成性的人对自己酗酒行为的解释：高兴时酒可以

助兴，忧愁时酒可以浇愁；喝酒可以广交朋友，有利于办好公事及私事；不喝酒就不像个男人，不喝酒就不够兄弟……

如果他们承认喝酒会使自己的血脂越来越高，会引发心脏病、肝硬化或慢性胃炎等疾病，还会使他们容易情绪化，常与家人争吵，酒后驾车很容易发生危险，那么他们该怎么做呢？

可想而知，他们接下来要花大量的时间与酒对抗。这将是一个漫长的过程，也将是一个很难熬的过程。相对而言，对自己这些坏习惯进行合理化解释就简单多了。只需大脑做简单的反应，不费吹灰之力，他们就可以将这些恶习视为不存在。这样就可以继续享受这些恶习带来的伪快乐，还可以维护自我的良好形象。

我们之所以没有积极地改变这些坏行为，是因为我们不愿承认这些行为是不好的。我们恐惧改变不能获得立竿见影的效果，反而会证实自己对这些行为无能为力，从而对自己造成进一步的伤害。承认自己的缺点或错误，对我们来说无异于一种毁灭性的行为；承认自己某方面的不足或错误，会让我们感觉被否定的不是自己的一部分，而是整个自我，就好像自己真的一无是处、无可救药一样。这会威胁到我们一手构建起来的和谐自我。

英国作家查·艾霍尔说过：“有什么样的思想，就有什么样的行为；有什么样的行为，就有什么样的习惯；有什么样的习惯，就有什么样的性格；有什么样的性格，就有什么样的命运。”我们今天之所以还这么平庸，是因为我们已经习惯在思想里对自己的行为进行合理化解释。当那些不好的行为给我们造成无助感时，我们习惯性地将其解释为好的。当现实中的自己和理想中的自我发生冲突时，我们习惯性地拥抱伪快乐，而把真实的自己抛在一边。

我们处心积虑地为自己构建一个虚假的良好形象，把太多的精力花在合理化的解释上，哪还有机会看清自己的真正需求？“好”意味着我们无懈可击，“好”也意味着我们完美无缺。既然如此，我们哪还有改的必要？有这样一句话，“一个人的完美之处，在于能找出自身的缺点。”而我们认为的完美是无懈可击。这些“好”就这样拦在我们迈向成功的路上，限制我们的发展。

2. 这样的选择是明智之举

你是否有过下面的经历？

你有一份比较轻松稳定的工作，工资除开销外，稍有富余。当你看到别的同学工资比你多时，心里很不平衡，便下决心要换份更好的工作。你开始四处发简历，抽空偷偷去参加面试。忙活了几天，你发现不是对方要求太高，就是待遇和现在的差不多，要不就是需要经常加班，工作强度太大。

再三衡量，你安慰自己“小富即安”，还是满足于现在的稳定吧。你想到别的同学虽然拿得多，但他们一天到晚加班，累得要死。另外，还有好多同学不如自己呢。他们工作特别累，每月的工资刚够交房租，甚至还要家里补贴，同学聚会很少出钱，一到结账的时候就往厕所里躲。

为了保住自己在同学们心中的形象，同时也为了避免换工作让自己变得更差，你选择了更安全、保守的活法——继续“坚守”原来的岗位。

你不会承认这是退而求其次的做法，你会说这是比较现实的做法，现在的工作比较轻松，空闲的时间还可以做些自己喜欢的事情。可事实是，直到今天你也没做过任何工作之外自己喜欢的事情。

我们很难为改变现状而采取积极的行动，因为我们怕看清自己对现状无能为力的真正面目。我们只需对自己的选择做出正面的解释，就可以泰然自若地继续自己按部就班的生活。那些正面的解释，是我们为了不让自己看清自己的现状而放出的烟雾。

一个学员曾和我讨论关于婚姻和事业的问题。他说婚姻会影响自己事业的发展，所以他顶着来自父母的压力坚持不结婚。他解释说，老婆和孩子会占用他太多时间，以至于自己不能专心于事业；结婚就必须买房子，还要养活老婆孩子，哪还有钱做事业啊？

对于这个问题，我没有阐述自己的看法，只是问了他一个问题：“你没有婚姻、家庭、孩子的影响，而且你为事业打拼了将近 10 年，那你的事业一定很成功吧？”

事实是，他的事业并不成功。这种说法只是他为自己至今还没结婚找的借口。他想以此来让自己自我感觉良好，同时也避免产生自己是个没有责任心的人的糟糕感觉。当我们用意志维护自我的选择时，就是在反向证明我们对自己的选择没有信心，对自己的选择表示怀疑。

生活是个不断做出选择的过程。对于自己的选择，我们总是能通过合理化的解释，证明那是明智之举。我们之所以会习惯性地维护自己的选择，是因为一方面我们可以在其中滋生自我优越感；另一方面我们怕否定自己的选择，会证明自己没有眼光，从而导致自我感的萎缩。

人们在自己的选择中，捕捉到的伪快乐是自己具有先见之明，那是自己的明智之举。

3. 没有准备好，所以不去面对

你一直以来都想做的一件事是什么?

来一次旅行，想让父母过上好日子，想要结婚，想要换份好点儿的工作……我们每个人心中都有一些愿望和梦想。

那你为什么没有去做?

等攒到足够的钱我就出发，等我工作闲一点儿就可以多陪陪他们，等我工作稳定点儿再结婚，等我找到合适的工作再换……

我们的愿望和想法是五花八门的，但我们还没有去做的理由却是非常一致的——条件还不允许，还不到时候。总之，就是还没有准备好。

其实，就是“没有准备好”这样一个理由，让我们正在错过和放弃一些人、一些事情，甚至是自己的美好生活。

这里有一个把等待发挥到极致的案例。小俊一直以来都要等万事俱备了，才开始去做自己想做的事情，总是不愿意匆匆忙忙地开始。这样的心理，让他总是对想做的事情一拖再拖，没有办法着手开始。

他读大学的时候，认为作业要先复习好了再做，才能有更好的效果。可是当他花了大量的时间复习之后，做作业的时间也就所剩无几了，甚至来不及做。所以，他的作业总是无法按时完成。

大学的时候他谈了个女朋友，相处了 5 年。在感情上他俩虽然也有过一些摩擦，但互相都深爱着对方。大学毕业参加工作不久，女孩提出要结婚，可是小俊却觉得自己刚步入社会，工作还不稳定，收入也不高，还不适合结婚。工作一年以后，女孩又一次提出要结婚。这次小俊依然觉得自己还没有准备好，不过他答应等到明年攒够了钱就娶她。这样的承诺让他工作上的压力越来越大，而这又导致他俩经常因为一些小事吵架。最终他们分手了。

小俊想等自己工作稳定一些，收入高一点，自己能承担起一个家庭的责任时，就去把女孩追回来。他拼命工作，努力攒钱，可是女孩却嫁给了别人。

后来，他在家人的催促下，经朋友介绍交了新的女朋友，又在家人的催促下结了婚。结婚后半年，小俊的妻子就怀孕了，但他很不想要这个孩子。他感觉自己事业上还没有什么成就，想等各方面条件充分一点再要孩子。可是迫于妻子和父母的压力，最终他同意了要这个孩子。可是接下来，他越来越觉得没有准备好要孩子。每次一想到孩子出生以后照顾的问题、入托入学的问题，就感觉很烦。每当想到这些，他就想反悔。他也曾努力尝试说服父母不要这个孩子，理由是自己还没有准备好为人父。母亲说：“生你们兄妹三个，哪个做准备了？还不是有了哪个生哪个吗？要是我也感觉还没有准备好，哪还会有你们？”最终，他还是没能说服家人，只好把这个孩子生了下来。

他的人生在自己没有准备好的情况下，不断地继续着。这让他感觉生活不在自己的控制之中，他非常苦恼。

在我们每个人身上，都有准备和等待的情结。而且在很大程度上来说，这种情结影响了我们的人生发展。我们总是认为等自己考上大学了，等找到工作了，等有钱了，等有房子了，等升职了，等工作顺利了，等结婚了，等有孩子了，等孩子考上大学了……我们就可以做自己想做的事情了。我们总认为当自己具备某种条件时，才可以开始做自己想做的事情。如果你有这样的想法，那么你其实正在等待中错过和放弃自己想做的事情，甚至是自己的美好生活。

要想把生活紧紧握在自己手中，我们先要弄明白一个问题，那就是我们为什么有准备和等待的这种情结？

这是因为，我们认为一件事情能否成功，取决于我们前期对这件事情的准备是否充分。我们认为准备越充分，成功的概率就越大。我们对事情的掌控观念，深深地种在我们的大脑中，比如“机会是留给有准备的人的”“我们要学会未雨绸缪”。这些观念都在暗示准备的重要性，好像准备好了就必定能成功似的。同时，这也给了人们暂时不去面对现实的理由和借口。这让人们感觉自己不是不去面对，而是还需要时间。

那么,充足的准备真的是事情成功的法宝吗？听完下面这个故事，我们就能弄明白这个问题。

1973 年，比尔・盖茨 18 岁，正在哈佛大学读二年级。他和经常一起听课的同学科莱特商量一起退学，去开发一种新的财务软件。因为新编教科书中已介绍了这种新财务软件的编程方法。

当时，科莱特感到非常诧异，因为他感觉自己还没准备好要去做这样的事情。更重要的是，这种编程技术的课程还没有学完，要开发全新的财务软件是不可能的。科莱特委婉地拒绝了比尔・盖茨的邀请。但是，比尔・盖茨毫不犹豫地投身自己的新财务软件的开发中。

10 年后，科莱特成了哈佛大学计算机系编程技术方面的博士研究生，而退学的比尔・盖茨也在这一年进入了美国福布斯亿万富豪排行榜。1992 年，科莱特拿到博士后学位；比尔・盖茨的事业在这一年又有了突飞猛进的发展，他成了仅次于巴菲特的美国第二大富豪。1995 年，科莱特认为自己已经具备了足够的学识，可以研究和开发当初比尔・盖茨要开发的财务软件了；而比尔・盖茨已绕过之前想要开发的财务软件，转而开发出一种更新的财务软件，它比之前的软件速度快 1500 倍，并且在两周内占领了全球市场。这一年他成了世界首富。

从比尔・盖茨的案例来看，准备得充分与否，并不能完全决定一件事情的成败。因为比尔·盖茨在没有上完大学、没有学完编程技术的情况下，便决定退学开发新的财务软件。不但如此，从世界创新史来看，不少成就了一番事业的人，都是在知识储备并未完全充足的情况下，便开始做自己想做的事情，并最终创造了无穷的价值。他们一想到，便毫不犹豫地去做了。准备固然重要，但他们更多的是为想做的事情立刻采取行动。

其实，任何事情都只有在开始做的时候，我们才能一点点地发现其中的真相。我们也才知道自己需要在哪方面有所提升和改进。在我们没有开始做事情时，我们有的只是对事情的想象。想象永远是围着已经发生的事情、过去的事情绕圈子。我们针对事情做的准备工作越多，我们发现的问题就会越多，需要继续准备和完善的地方就越多。因为我们是在为自己的想象做准备，并完善自己的想象。而想象又会没完没了地制造障碍的假象，让我们永远无法准备好开始去做事。

如果一直停留在思想中准备和等待，我们就会发现，原来做一件事情需要面临如此多的问题，需要面对这么多的困难。慢慢地我们会认为自己曾经的想法很幼稚，会庆幸自己没有盲目地去做一件不靠谱的事。在开始做事情之前，停留在思想中为事情做准备，绝大多数人的结果是一样的，那就是证实自己做不了想做的事情。最终，我们会庆幸，自己没有迈出这一步。所以很多时候等待的结果，是自动放弃自己想做的事情。就像小俊一直在为结婚做准备，却最终和女友分手。

另外，等待的另一个结果就是让你错过一些人，错过一些事。等待的人永远是跟在他人背后吃残羹剩饭，就像科莱特 20 年后认为自己可以去开发当初提出的财务软件，他已经错过了时机。比尔·盖茨已经放弃了原来的软件，开发出了全新的系统。还有小俊，他想等自己有一定的经济实力后再结婚，可是他的女朋友已经嫁给了别人。

很多时候，我们误认为有些事情自己不去做，是因为我们没有做好准备，但其实是我们没有搞定自己。大家可以想一想，如果你要去一个地方，当一条大河拦住了你的去路，你会怎么做？无论你的回答是什么，有一种回答是绝对不会出现的，那就是一头栽进河里淹死自己。在这样的情景下，无论是谁都会想尽办法在自己不被淹死的情况下跨过这条河。

你没有搞定自己，是因为你放弃了自己面对现实的能动性，你放弃了自己逢山开路、遇水搭桥的能力。人是有思想的动物，我们放弃自己，是我们的思想没有成为消除一切障碍的神器，而成了吓唬自己和自断经脉的工具。我们是不会让自己飞蛾扑火、自取灭亡的，直到今天我们还活着就是最好的证据。最重要的是，如果不相信自己有这样的能力，那么我们迟迟不敢开始去做。

为了明天的考试，今天你准备笔和纸，这是非常必要的。但是，如果你为明天的考试假想出了一些情节，比如考不好、没有猜对题等，就拒绝面对明天的考试，考试会因为你没有准备好而取消吗？

不只是一个简单的考试不会为你停留等待，这个世界的一切都不会。回头看看，在你还没有准备好的时候，你出生了；还没有准备好的时候，你开始学着走路了；在没有准备好的时候，你上学了，恋爱了，结婚了，为人父母了……这个世界的一切转瞬即逝，无论你准备好没有，它都会开始；无论你怎么准备，都不能把未来的事情解决在当下。因为未来的一切都是未知的，你只能解决你面前的事情。否则，我们今天的生活就不会有什么可以让人遗憾和懊悔的了。我们需要的不是准备和等待，因为事情不是在我们的想象中，而是在未来和现实中。面对未来的唯一方法，就是带着自己和自己的热情上路。

4. 没有就可以不做

很多人认为某些不具备的条件限制着自己去做一件事情，而且也习惯认为有些事情不是自己能做到的，这样的认识让人们感觉自己做不了某些事情是合情合理的。人们在面对自己想做的事情时，没有采取行动或者不能继续下去的原因基本是相同的，要么是没有钱、没有人脉，要么就是没有优势、没有好的团队、没有好的项目等。面对我们所不具备的条件，大部分人选择放弃。我们不具备的那些条件，真的是我们拥抱梦想的障碍吗？

我的一个朋友想自己创业，经过再三衡量，他选定了一个感觉可以大展拳脚的项目。由于资金短缺，他想找个人为他投资。他见的第一个投资人对他说：“你的商业计划书我看了。想法不错，但是这个行业竞争这么激烈，你要想做成这件事情，需要具备一定的优势。你的优势在哪里？你要如何和那些成型的企业去竞争呢？”他一想，是啊，和别人比，我的优势在哪儿呢？他支支吾吾地什么也说不上来。虽然没有得到这个投资人的认同使他有点失落，但他还是继续去见了第二个投资人。

第二个投资人说：“你的项目还处于一个想法阶段，你没有一个好的团队，你拿什么确保这个项目可以有效地执行下去呢？”这个投资人的话，他也感觉有道理，心想：“我是需要有一个得力的团队，否则再好的想法也不能变成现实。”他也开始怀疑自己是不是能把这个想法很好地执行下去，甚至开始质疑自己是否适合创业。

他犹豫不决地见了第三个投资人，对方说：“你的想法是不错，但是我看你性格有些内向，不善于和人交流。我想你的朋友也不是很多，一定也没有什么人脉。要想实现你的想法，没有广泛的人脉，似乎是件很难的事情。”他回头仔细想想，感觉自己确实没有什么朋友。

当他见了第四个投资人以后，他便彻底放弃了要创业的念头。

不只是创业，在生活中，每当我们想做什么事情的时候，就总会有人问我们有什么优势，有什么条件，有这个吗，有那个吗。好像没有这些，就没有做这件事情的必要。好像我们做不到马云那样成功，就没有必要去开网店；做不到俞敏洪那样优秀，就没有必要去做英语老师；好像不按照他们的方式去活，我们的人生就会一败涂地。只要你有什么非分之想，就会遭到身边人的各种质疑。

但是你自己呢？你坚定地相信自己吗？你其实也总是在别人的各种质疑下放弃自己的目标。这还是因为人们活在自我的模式里，认为人生是有既安全又保险的活法的。人们认为只要具备某些条件，成功就会变成必然。可事实是，在人生的道路上，没有哪种活法能够确保带给你确定的结果。不是具备了有优势、有好的团队、有钱等条件，就必定能成功。也不是按照谁的意愿去活，就能有美好的未来。只要停留在思想中，我们就会依赖安全的处世观念；只要停留在思想中，我们就在算计付出与回报，就在试图降低失败的风险。大脑在做的事情，就是把一件事情放在一个模式里。只有这样它才感觉安全。不然人们就会心存恐惧，对事情敬而远之。我们心中的那些观念和认识，给了我们安全感，这是我们的处世之本。我们不但这样要求自己，也这样要求别人。其实，不能怪任何人对你的质疑，因为最重要的还是你活得没有自己。只要你认为自己没有，就会真的没有，就会真的放弃。大部分人之所以没有去做自己想做的事情，都是认为自己缺少做这件事情的条件，从而放弃了。

没有什么事情是绝对好或者绝对坏的，也没有哪种固定的模式可以使你必定成功，没有哪种工作和状态可以确保你的生活无限美好。同样，也没有所谓的什么性格适合创业。就像杰克·韦尔奇所说的那样，在这个世界上任何人都可以成功，内向的、外向的、严谨的、不拘小节的等都可以成功。成功没有一成不变的标准和规则，任何事情都会在不同的环境中体现出不同的价值，所以也没有什么条件会限制你做一件事情。辩证一点地来说，很多时候没有就是有，有就是没有。

小孙从小生活在农村，家里穷得一塌糊涂，只能靠好好读书争取出人头地的机会。从小父亲就教育他要努力学习，只有考上大学，他的未来才会变得不一样，人生才会有保障。最终他如愿考上了一所大学。这下家人终于松了一口气，认为他终于有自己的优势了，未来终于有保障了，自家终于可以在村里扬眉吐气了。可是小孙毕业后一年多也没有找到像样的工作，家人又开始头痛了。后来他有了满意的工作，但新的问题又来了。小孙直到 34 岁也没有找到合适的对象。他的父亲天天发愁，因为只要一出门就有邻居问他小孙找对象的事。这让他感觉很丢人，觉得在村里抬不起头来。于是，他又到处张罗着给儿子找对象。他感叹说："活着就没有一刻消停过。原以为儿子考上大学就好了，可是毕业了连个像样的工作都找不到。本想着等找到工作就好了，可是等有了工作，这么大个人连个对象还没找到。这日子什么时候是个头啊？"

这个世界上唯一可以确定的是一切瞬息万变、转瞬即逝。没有什么事情是一成不变的和绝对的，今天的优势到明天也许就会变成劣势。我们要以发展的、开放的眼光看事情。你不必在意自己不具备的任何条件，只需要一步一步向前走。面对人生和梦想，人与人唯一的区别就是看谁先放弃。

所有的人类文明都是人类自己创造的，都是在没有任何条件的情况下开始并发展到今天的，不是生来就有的。无论我们做什么事情，一定是从没有开始的，从零开始的，任何条件都是自己创造的。你和那些成功人士的区别只在于你不能从零开始，不能为自己的梦想和人生创造条件。我们一定要明白"事在人为"。无论你处于什么样的状态、想做什么样的事情，都不需要任何条件。你唯一需要的就是开始去做，从眼前开始，从自己脚下开始，一步一步往前走。你只能在行动中一点一点地完善事情，而不是在思想里完善它。你做不到的唯一原因是没有自己，而不是缺少别的什么东西。在人生的舞台上，没有那么多的应该、应当、有没有，有的只是一个规则，那就是“我要怎么样”。

5. 什么样的思维会把你给废了

我们活不出自己的大部分障碍都是自己制造的，是我们的自我囚禁了自己的手足，折断了自己的翅膀。而且，关键是我们很少认为自己的不如意和自己有直接关系。所以，我们也并不知道自己对自己下了什么样的毒手，把自己囚禁在哪里。

在向我求助的读者和网友中，大家的问题从表面来看各不相同，但是很多问题实质上是非常一致的。接下来我们就看看他们都面临着什么样的问题，看看你能从他们的状态中发现什么。

读者小康说：“我想做外贸生意，却没有经验，也没有好口才，更没有扎实的英语基础。虽然我热情、真诚、认真、仔细，可这些又能换来什么？”

不行!
不可以!
不可能!
我很想!但是……

网友拉拉东说：“我很想创业，可是没有足够的资本，也没有一个很好的项目，而且没有广泛的人脉。单就我现在的条件而言，和别人差距太大，我没有受过高等教育，身边也缺少推动我的人。这些都是困扰我的问题，我该怎么办？”

读者雨馨说：“我今年 30 多岁，想做英语老师，可是我没有本科文凭，也没有讲课的经验，所以我感觉没有人会用我。”

网友向日葵说：“我是一名刚毕业的学生，面对未来很迷茫。我不喜欢现在的专业，感兴趣的事情却没有一点基础。实在不知道该如何开始。”

听完他们对自己状况的描述，不知你有没有发现，他们的话语结构都是一样的，都符合以下的模式：

我想……可是……，我想……却……，我想……但……，我想……可……

很多时候，听完他们的描述，你根本不用再问他们为什么没有去做。不用任何人给他们施加压力，他们就会自动找出自己没有做的理由。而正是这些理由让他们做不了自己想做的事。

从这样的话语结构中可以看出，他们在心里已经自动否定了自己想做的事情，已经设定了自己做不了想做的事情。他们用这种方式，在自己开始之前就否定了向前一步的理由。因此，他们没有去做自己想做的事情。

想法是行动力产生的根源，一旦出现“但是、可是、却、可”等这样的转折词，我们想法的制造动力就消失了。想也等于不想。

我想……可是……，这样的语言结构更多表现的是我们的自我否定，是对我们不能去做自己想做的事情的自我安慰。在某种情况下，我们会受到一些实际问题的制约，比如在上篇中说到的我们的确是面临着一些实质性的问题，不具备一些条件。但更多时候，我们不具备的那些条件是自己假设出来、想象出来的，是人为地给这些事情附加了额外的条件。所以，这种语言结构是人们自觉放弃事情的借口，而不是事实。生活中，一个人采用这种语言模式表达自我的次数越多，就证明他的局限越大。

在对外经济贸易大学演讲的时候，我鼓励在座的学生勇敢地去做自己想做的事情。在提问阶段，有个同学提出了这样一个问题，他说："程老师,我很喜欢花花草草,我很想在北京种花种草过安逸的生活。可是北京现在房价如此之高，我的梦想简直就是白日梦。你说我该怎么去做自己想做的事情呢？"

我就问他："你是真的喜欢种花种草吗？如果是真的，那你在哪都可以种,为什么要给自己预设一个条件,一定是在北京种花种草呢？你可以找个土地肥沃、地广人稀的地方种花种草，那多舒服。北京寸土寸金的，只适合种钢筋水泥。"

很多时候，我们之所以做不了自己想做的事情，是因为我们在自己想做的事情之上，附加了额外的条件。你想种花种草，额外的条件是在北京——在北京的三环内、二环内。

你想做外贸生意，额外的条件是做个英语好、口才好、有经验的生意人。做外贸生意不一定在刚开始就要求英语好、口才好、有经验。

你想创业，额外的条件是做个好项目，有足够的资金，自己要素质高，还要有推动力。如果有足够的资金，有这些条件，那你还创业干吗？

你想做个英语老师，额外的条件是做个有经验、有本科文凭的英语老师。可是每个老师都不是从有经验开始的，也不是每个英语老师都有本科文凭。

你想做自己喜欢的事情，条件是你得在这方面有点经验。但是，不开始做，你哪里来的经验呢？

我们不能开始做一件事情，很多时候是因为我们为这件事情附加了各种前提条件。我们在一件简单的事情上附加了一些本不属于事情本身的额外条件，而这些条件是我们不具备的。这样的行为意味着自己有想法、有目标，但是没有条件。这让一件本来简单的事情变得复杂、沉重和难以逾越，让还没开始做的事情有了各种门槛，让自己不知道该从何下手。这些附加的条件，让我们把自己的梦想和愿望扼杀在了自己的大脑之中。我们在每一件简单事情中附加的任何条件，都会成为对我们行动的限制。

一定要明白，我们做不了一件事情，或者还没有开始做一件事情，一定是我们找到了做不了的理由，不然就不会还只停留在想的阶段。关键是，这些理由并不一定是我们真正的障碍，假想和预设才是真正的障碍。

6. 矛盾的大脑会失灵

我无意间在网上看到一个视频，标题叫《无手无脚无限制》。主角力克是一个既没有胳膊也没有腿的30岁左右的男人。虽然他没有四肢，但他活得很快乐。他不但可以自己吃饭，还可以踢足球、打高尔夫、滑水，也可以在没有任何人帮助的情况下，一个人爬上桌子演讲。

当他连胳膊都没有的上半身立在讲台上，慷慨激昂地演讲时，他超强的生命力和不屈不挠的精神，实在是让人感到震撼，简直不可思议。台下的观众都为之感动，很多人潸然泪下。

我们有手有脚，却要找这样那样的理由来限制自己。真的是那些理由限制了我们吗？

任何限制都是从我们的内心开始的，问题就产生在我们的心里。只要我们把某些因素看作是我们的局限，那么它就会成为我们的阻碍，限制我们的发展。

我在《活着就在找感觉》这本书中提到我有一种能力，可以通过问陌生人三个问题，判断出他未来几年的发展状况。很多读者看后感觉很好奇，纷纷问我这是三个什么问题。其实，重要的不是这三个问题是什么，而在于对方的回答是什么。三个问题可以因人而异灵活设置，主要看一个人如何回答你的问题。就像前面我们说到的那些人，其“我想……但是……”的语言结构，注定他们会在一段时间内会徘徊在原地，因为他们已经为自己设下了无法逾越的鸿沟。除非遇到一些重要的事情或一个重要的人，否则他们很难有所改变。

有一个读者，在一家上市公司工作，有段时间他很困惑。他在这家公司待了 6 年，最终只是混了个部门主管。而且他只是顶着这个头衔，并没有实权，做的还是自己一直以来做的那些工作，工资也没有涨多少。公司的人际关系很复杂，在重要岗位上的人都是老板的亲戚和关系户。即便他的直接上司想提拔他，也无能为力。他有要换工作的念头，可是转念一想又觉得虽然自己不被重用，工资也不算高，但毕竟这是家上市公司，收入有保障。如果找不到好工作，恐怕工资都没有保障。虽然他想换工作，但是假设的障碍一大堆。结果是在很长一段时间里他多次想一走了之，最终也没有走。后来他不知道该怎么办，就来问我。我给他分析了他的状况，鼓励他坚决地离开。他说要不要骑驴找马，我说不要再给自己等下去的理由。他终于鼓起勇气辞去了工作。

离职半个月后，他就被一家不算大的公司录用了。因为他很有能力，所以得到了老板的器重，待遇比之前好了很多。

他是幸运的，在跳槽后半个月就找到一份很好的工作。但是，大家不要误解为有能力的人应该多跳槽，有些人跳槽的结果是越跳越糟糕。我讲这个案例并不是鼓励大家不顾一切地换工作，换与不换要看个人的实际情况。我要说的是，在这种情况下要果断终止心中的冲突。

我们一旦想做又做不了，心中就会产生冲突。心理冲突会让我们停滞不前并消耗自己的精力。这样一来既做不了自己想做的事情，也不能再安心做自己在做的事情。那个想跳槽的读者有了很强的去意，但又没有勇气离开。这样的心理冲突让他无法再像以前一样安心工作。即便还在坚持，也只是在混日子。结果就是“身在曹营心在汉”，既不能专注工作，也不能离开，只能是过一天算一天，在原地打转。

很多时候，我们做不了想做的事情，是由于我们心中有冲突。心理冲突才是给我们制造困境的根源。要想看一个人是否受到了限制，要看他心中是否有冲突。只要心中有冲突，我们就不能专注于要做的事情，也不能发挥我们最大的潜能，而注定只能在原地踏步，不会有发展。在心理冲突的状态下，人们的力量更多地会用来对付心中的冲突，哪有精力去做事情呢？心理冲突就是我们为自己设下的牢笼，停留其中，注定没有发展。

第六章 “纸老虎”游戏

CHAPTER 6

1. 心中的“纸老虎”

很多网友在微信中向我抱怨，没有人喜欢自己，自己喜欢的人又没有办法去认识。眼看自己就要被剩下了，不知道该怎么办才好。其实很多时候，你没有找到心仪的对象，恐怕是因为你的心中住着一只“纸老虎”，让你不敢接近心仪的对象。

我在网上看到过国外拍摄的一段关于交往障碍的视频。这段视频很好地诠释了什么是自我限制。一个男孩在车站遇到一个漂亮女孩，女孩看到他戴着和自己一样的项链，对他露出腼腆的微笑，以此来暗示男孩自己喜欢他。但这时男孩看着手机开始设想，自己走上前去坐到女孩身边，主动和女孩握手，女孩却扭头走掉了。他假设的这样一个负面的结果让他很害怕面对女孩，便起身走开了。这让心中充满期待的女孩很失望。没过多久，男孩和女孩在公园第二次相遇了。男孩坐在长凳上喝咖啡，他看到女孩后心中窃喜，准备上去和她搭话。可这时他脑海中又开始设想，自己上去和女孩搭话的时候，可能会弄撒手中的咖啡，这样的举动会吓跑女孩。于是，他再次放弃了主动和女孩搭讪的机会。两个人第三次相遇时，女孩在一家餐厅用餐，男孩透过窗子看到了她。他很高兴，又开始想象自己走上前伸手和女孩搭话的情景，他想女孩一定会感觉莫名其妙，起身离开。正在他想象的时候，心中的另一个人看透了他的心思，把他心中的恐惧设想摔了个稀巴烂。负面的设想消失了，男孩终于鼓起勇气走进餐厅和女孩打招呼。

通过这段视频你会明白，男孩心中的恐惧都是自己假设出来的。其实，我们每个人在面对自己感兴趣的异性时，或者在做一些事情的时候，都会产生这样的假设，这段视频只不过放大了人们心中的那种假设。我们每个人都活在自我的世界里，活在自我世界里的人最常做的一件事情就是想象和预设。也就是说，人们做一件事情之前，会对事情的发展做出预设和猜测，想象自己的行为会有什么样的结果，这样的预设直接影响了人们的行动方向。视频中的男孩每次碰到女孩的时候，都对自己与女孩打招呼的后果作了负面的设想。他已经预测到和女孩搭讪的不利结果，怎么还会自讨没趣呢？如果是你，我想你也会主动放弃。因为你已经知道结果，就没有必要去做了。而真实的结果是，他三次都没有勇气和女孩打招呼，让彼此擦肩而过，就好像女孩是只“母老虎”一样，男孩很害怕受到伤害。其实，男孩是被自己心中假设出来的“纸老虎”给吓住了。大多数时候，人们在做一件事情之前，心中的恐惧都来自思想的假设，也就是思想制造的“纸老虎”吓住了自己，使自己无法去面对、去行动。

当人们开始设想时，自我就介入了。围绕“我”的思想就是自我。我们在思想中制造了一个可能受伤、可能被拒绝的自我。任何一个自我的形象都是自己想象出来的，自我是一堆思想，和真正的自己没有关系。因为一切都还没有发生，怎么会和自己有关系呢？其实，我们怕的只是让想象中的自我受伤，而不是让真正的自己受伤。视频中的男孩三次和女孩相遇，都是自我拦在他的面前，而不是女孩真的不理他。负面的设想制造了他心中的恐惧，阻止了他主动去和一个自己喜欢的女孩搭讪。

我一直在说：不要想太多。无论你是想认识一个人，还是想做一件事，都要记住——不要想太多。只要你想做、想认识就够了，不需要太多理由。一旦开始思想，我们就试图在事情中加入很强的意图和目的，思想就会围绕你的意图和目的周旋。对大多数人来说，在大脑中预设和想象，要么是在证明自己做不了，要么是为自己埋下了挫败的隐患。设想会限制你的视野，让你只能看到成和败两种结果，让你没有了别的可能，也看不到别的可能。

人们设想出来的“纸老虎”，让人们在面对事物的时候望而却步，让人们一次次地错过机会，错过自己想要的生活。美国总统罗斯福有这样一段名言：“我们不得不畏惧的唯一东西，就是畏惧本身。这种难以名状、失去理智和毫无道理的恐惧，麻痹人的意志，使人们不去进行必要的努力。它把人转退为进所需的种种努力化为泡影。”大多数时候，恐惧只是我们对事物的扭曲想象，但这些想法却在很大程度上左右着我们的行为。一定记住，限制不是来自事实本身，而是来自思想。

2. 困在快乐围墙里的自己

我在动物园里看到过非常不可思议的一幕，且至今印象深刻。

一个周末，我们到动物园游玩。走到大象馆时，我们看到很多人往大象的活动场地里扔苹果、香蕉等水果。大象看到扔进来的水果就会跑过去吃。有的苹果滚到了围墙附近，大象总是追着苹果跑到离围墙三四米远的地方就停下来，不再去吃那些近在咫尺的苹果。

这个发现让我有些纳闷。它只要再往前走一两步，就可以吃到苹果了，为什么垂头丧气地掉头就走呢？

我仔细一看，原来离围墙三四米远的地上插了一些很细的铁丝，绕着场地插了一圈，像一道警戒线。可是这些细细的铁丝根本不会对大象造成任何危害，它们为什么不敢跨过去呢？苹果就在眼前，它已经跑了那么远，还差这一小步吗？我对那些细铁丝的魔力实在感到好奇，是什么让它们可以将这些硕大的动物禁锢起来呢?

我曾问过一些朋友，他们的猜测是铁丝上通了电，或者是铁丝可以发射电磁波之类的什么东西，能够阻止大象靠近。我带着这些疑问，在网上查了很久也没有找到合理的解释。后来，我就打电话到动物园咨询。管理员说：“我们怕大象伤到围观的游客，就从小训练它们不能踏出那个范围。当它企图跨越这一区域的时候，管理员就对它进行惩罚。大象是很聪明的动物，久而久之它们就再也不敢走出那个范围了。直到大象长成今天这样的庞然大物，也不敢逾越这条形同虚设的警戒线。”

这时你也许会想，大象太笨了，居然被一些细铁丝牢牢地限制起来。其实人又何尝不是这样呢？人也没有比大象强到哪里去。任何与安全和快乐背离的区域，都是我们的禁区。想要对大象进行限制，只需要一些细细的铁丝；而想要将我们禁锢起来，让我们动弹不得，只需一个看不见、摸不着的想法。这又何尝不是件可悲的事情。

林先生对开车有一种说不出的恐惧。一提到买车，他就会找到一筐一筐不买的理由，比如开车危险、养车麻烦、没时间考驾照、开车影响喝酒，等等。他老婆有驾照，一直想买辆车，可他总是犹豫不决。

有一天，他终于鼓起勇气去买车。去之前给我打电话，让我帮他去提车。我当时正好有事，赶不过去，就在电话里安抚了一番，好让他放心去提车。过了几天，我打电话问他车开得怎么样。他居然说不买了。当时我非常惊讶，问他怎么没有买。他说：“你那天没有过去，我也不会看车，所以就决定不买了。后来想想，还是打车更方便一些。”

多可笑的理由啊。事情已经过去两年了，就是这么简单的一个理由，让他直到今天也没有买上车。

如果我们不想走出自己的熟悉地带，那么，哪怕是一个非常滑稽的理由，都能让我们乖乖地待在原地。

林先生的这种生活态度，让他的生活单调乏味。除了喝点酒外，他没有勇气去尝试任何新的事物。他现在 40 岁了，他 27 岁时我就认识他，当时他是什么状态，现在还是什么状态，只是头发比过去少了，肚子比过去大了，唠叨的道理比过去多了，胆子比过去更小了。除此之外，没有其他实质性的变化。

恐惧心理限制我们体验新事物，导致我们与新事物无缘。我们往往认为，是那些让我们恐惧的事物，限制着我们的行动。但其实限制我们的，只是我们大脑里的恐惧思想，而不是现实本身。这些恐惧思想为我们筑起高高的围墙，将我们困在自己熟悉的地带，让我们走不出去。

人们心中的恐惧，总是让人们害怕走出舒适地带——熟悉、稳定的生活状态。而这个舒适地带更多是人们心中熟悉的、反复的、简单的状态，并不是生活中真的就有这样一块净土。

我们总是希望知道自己在哪里，又为什么在这里，在这里做什么，为什么做这些。总习惯接受明确的、熟悉的、肯定的、在自己掌控之中的信息，恐惧生活不在自己掌控中的无助感。这就促使我们习惯性地将未知、不确定与风险等同起来。为了避免风险，我们守在自己熟悉的舒适地带，让自己举步维艰。

我们恐惧未知的时候，就会用全部精力与之对抗。我们拒绝走出自己熟悉的、稳定的、舒适的生活环境，以至于我们根本没有看清被拒绝的事物究竟是什么样子。我们总是一听到“狼来了”，便撒腿就跑，也许从来就没见识过狼的可怕，甚至一直也没有见到过狼真正的样子。我们被自己的习惯反应拖入了恐惧的旋涡，我们在其中的挣扎，是对自己心中恐惧的强化。我们无谓地消耗着自己的力量，直到没有力气抬起自己的双腿，直到全身僵硬，活得像个废人。我们过着雕塑般的生活，从未意识到大多数时候所谓的安全和恐惧，只是一些限制我们做出行动的想法。

你感觉到什么了吗？我们对舒适地带的依赖，以及对未知的恐惧来自哪里？它们都来自我们对负面想象无意识、无休止地强化。本来那只是一只温驯的“猫”，你却把它看成“老虎”，再仔细看看，说不定还是只张着血盆大口的“老虎”。如果真的是只“老虎”，哪还有时间容你想东想西？恐怕早就被吃掉了！

3. 上车之前系好安全带

“上车之前”系好安全带？你也许会认为是我写错了字。应该是“开车之前”系好安全带吧？没错，这里说的就是上车之前系好安全带。

现实生活中，我们总是在上车之前，就想系好安全带。我们为了未来的生活更有保障，要求自己的男朋友有稳定的收入，要求结婚前必须买房子，还要有辆像样的车……对未来做严密的计划和安排并没有什么不对，但是当我们把这些计划和安排看得比自己更重要的时候，对计划和安排的强调，就体现出我们对未知和不确定的恐惧。这样做会使我们被限制在一个固定的轨迹里，我们的生活也会陷入一种刻板的局面中。这会让我们错过很多良好的发展机会，使我们失去创造力和对生活的激情，让生命变得毫无生机和活力。

有一位老和尚，身边聚集了很多虔诚的弟子。

一天，老和尚吩咐弟子们每人到南山打一捆柴回来。弟子们走到离南山不远的地方，纷纷停了下来。连日的大雨使河水疯涨，原来的小溪变成一条大河拦住了他们的去路。弟子们看着湍急的河水，一个个目瞪口呆。看来是别想过河打柴了，他们都无功而返。

弟子们垂头丧气地来到师傅面前。这时候只有一个小和尚与师傅坦然相对。

师傅问其原因，小和尚从怀里掏出一个大红苹果递给师傅，说："我们过不了河，打不了柴，我见河边有棵苹果树，就顺手把树上唯一的一个苹果摘了回来。"师傅听完点点头。后来小和尚成了师傅的衣钵传人。

如果我们过于强调计划和安排，那么当现实中出现任何计划和安排之外的状况时，我们就会像那些弟子一样空手而归。老和尚的弟子把自己的目标局限在打柴上，打不到柴，他们这一趟就只能白跑。而那个小和尚却能在这个过程中，随时把握身边的机会，让自己有所收获。

在现实生活中，我们也喜欢制订各种各样的计划。大部分开车的人都喜欢按计划好的路线行驶，这样我们就能清楚地知道前方 1 千米进主路，在主路行驶 2 千米后靠左行驶上匝道，匝道限速 40 千米，下匝道前行 1.5 千米后车行缓慢，开始拥堵，所以最好靠左边车道行驶……1 小时后，按计划安全到家。如果没有特殊情况，我们这样做就能把握每次到家的时间前后不超出 5 分钟，总是能在老婆把饭菜摆上桌的那一刻推开家门。

那么，我们为什么不尝试走一条新的路线呢？我们之所以走计划中的路线，是因为新的路线不见得近或不堵车，到头来也许花费的时间与计划中的路线一样，甚至更多。对于新的路线我们不熟悉，说不定会不小心闯入单行线被罚或一不留神没有看见限速标志，超速被拍。在这方面我们有很多的预设，每个人都能深谋远虑。走新的路线需要我们花更多精力注意路标和建筑物，走计划中的路线则简单得多。计划中的路线，让我们一直没有勇气驶入下一个陌生的路口。这意味着计划路线之外的一切都与我们无缘。

泰戈尔说过：“生活并不是一条人工开凿的运河，不能把河水限制在一些规定好了的河道内。”在新的路线上，我们也许会发现一家离自己家更近的特色餐馆，或者一家新开的大型超市，也许会看到这座城市更可爱的一面，甚至会发现与自己多年失去联系的老同学，其实就住在离自己不远的地方，只是一个习惯向左走，一个习惯向右走，两人一直没有碰面的机会。

被我们强调的计划和安排，像是孙悟空头上的紧箍咒，对我们的禁锢会越来越大。我们越是强调计划，就越能表现出对未知事物的恐惧。恐惧心理会让我们沦陷在安全的境地。固守计划只能让我们像井底之蛙一样，看着头顶上巴掌那么大的天空，直到我们的人生毫无生机，无法发展。试问，如果有一天，我们在毫无准备的情况下，被扔到一个偏僻的小山沟，存活的概率有多大？

4. 没有人能让我们失败

一个求助者很想离婚，但始终没能如愿。她向我解释了她希望离婚的原因。

她感觉他们俩刚三十出头，正是为事业打拼的大好时候。可是她老公每天下班回家后，不是上网就是看电视，周末和节假日也是一样。除此之外，他就没有其他想做的事情。她在老公身上看不到未来和希望。她看着现在的日子，就能想象十年、二十年后自己的生活。她感觉这样的日子让自己的人生一眼见底，没有一点悬念，就好像有双手把自己推向一个黑洞，非常绝望。

对生活的危机感，促使她一直在不断学习，不停接触新鲜事物。每次看到老公无所事事的样子，她就感觉实在过不下去了，一年前她决定离婚。

可是她老公始终不肯离婚，还借助双方父母的力量，给她施加压力，让她感觉自己是个不安分的女人，是个没有责任心的女人，是个不孝顺的女儿。她很想离婚，但她又觉得只要离婚了，人生就算彻底失败了。她也想过为了父母努力维持这段婚姻，但都以失败告终。她实在无法忍受这样的活法。她不知道该怎么办，但又不想再这样继续下去了，所以很希望有人能帮助自己解决心中的烦恼。

她今天的这种状态，是从小就被别人灌输失败观念的结果。离婚就等于婚姻失败，就意味着她是个感情失败的人，甚至会是她做人的失败。这种认识让她对离婚有一种恐惧心理，制约着她的自由。

所谓的失败，只不过是人们对某些事情的看法，是对一种价值观背离的解释。只有明白无需事事按着别人的意图去做，这种观念对我们的制约才会失去效力。

如果她按照自己的意愿离婚了，但还是没有过上自己理想中的生活，那她的人生就是失败的吗？我们经常会步入一个误区，就是将自我价值与某件事情的成败等同起来，把一件事情的失败和一个人的失败混淆了。

生活中我们不管做什么事，都带有强烈的目的性，都是冲着成功去的。我们耳边总能听到要坚持、坚持就是胜利、竭尽全力之类的话。这些话的含义是，我们要成功才行。这些话语看似积极正面，却把我们推向一条没有成功便是失败的绝路。只要我们开始做一件事，就等于踏上一条不归之路。我们必须誓死往前冲，因为我们的目标是成功，停下来就是失败，停下来就证明自己不能成功或者没能力让自己成功。我们毫不质疑地把这种观念接受下来，并让它制约着我们的生活和自由。

我们不得不按照别人意愿行事的深层原因，是我们害怕别人说自己是个失败的人，是为了维护自我的良好感觉。我们委屈自己硬着头皮坚持做自己不愿意做的事情，直到有一天我们感觉不快乐，才意识到某些事情并不是我们一直认为的那样。人们活在舒适地带，虽然没有成就、没有价值、没有意义，但是有安全、有舒适，活得不费力气。人们认为一旦行动和改变，就会有别人的质疑、否定，就会有失败，就会有辛劳。我们要记住的是，在这个世界上没有人能让我们失败，只有我们的自我！

5. 心中的恐惧让你想要隐藏自我

小海和小丽在同一家公司工作，两个人关系暧昧，但彼此都不敢主动表达，害怕遭到对方的拒绝，让自己没面子。

这天，小海感觉这样下去实在不是个办法，就想试探一下小丽对自己到底是什么态度。

小海说："你想要找什么条件的男友，我帮你介绍一个。"

小丽心想：“这么积极地帮我找男朋友，看来我不是他喜欢的那种类型。”于是便说：“哦！真的吗？好啊！”

小海心想：“这么爽快就答应了，看来她喜欢的不是我。”便问：“那你喜欢什么类型？”

小丽说：“好学上进，有责任心……”这说的正是小海啊。但小丽最后加了一句：“要能在自己喜欢的人面前积极主动，不然再喜欢也会放凉了。”

小海说：“你看我们两个凉了吗？”

小丽说：“你不是打算帮我介绍吗？”

……

从小丽和小海的这段谈话中不难看出，我们是多么恐惧别人对自己的否定和拒绝。这种心理拦在我们的真实想法之前，让我们把简单的事情搞复杂了，让我们在现实面前举步维艰。

如果我们把别人作为自己赖以获得自我良好感觉的源泉，那么我们就会无意识地害怕别人对自己的真实看法。我们心中的恐惧让我们逃避任何类似被考验的状态。如果我们不能避开，那么就尽量保持缄默、自制，带上一幅让人捉摸不透的面具，或是让自己成为无懈可击的伪装者，花费很多精力去掩盖真实的自己，让别人无法看穿。我们总是把简单的事情弄得复杂，总是似是而非和留有余地，能够让我们在自己的真实目的在被别人发现后有撤退的空间。

人类的第二本能就是隐藏自己的想法，每个人都能用华丽的外套、喜怒难辨的面具、口是心非的话语来装饰自己。这个世界之所以变得复杂，是因为我们喜欢模棱两可、圆滑通达。我们感觉这样做比公开明确自己的立场更加安全。

生活中太多不愉快的事情，都是因为我们在捍卫自以为至高无上的自尊和面子。我们宁愿放弃真实的自己，也不愿放弃自己捍卫的所谓尊严，也不愿接受自我感的萎缩。其实那些所谓的面子和尊严，只是我们的大脑因为恐惧被拒绝而冒出的泡沫。这些虚幻的思想泡沫，是禁锢我们的根本所在。

6. 习惯让我们无路可走

在这里先提出一个小问题：“你为什么不用左手写字（左撇子除外）？”

也许你会回答：“因为我左手不会写字。”对，你的左手肯定是不会写字的。那你想过为什么你的右手会写字吗？你也许会回答：“从小养成的习惯。”是这样的，我们习惯了用右手写字，依赖用右手写字，这才导致我们无视左手的写字能力。久而久之，我们的左手只是丧失了写字的能力，而不是我们的左手根本不会写字。

我们对自己所熟悉的事物和环境的依赖程度，远远超出了我们的想象。

我们一直以来习惯使用的电脑操作系统已经有点落后了，很多软件运转缓慢。我们电脑里做出的文件，无法在别人的电脑中打开。电脑系统落后导致我们工作效率下降，但其实我们只要更新一下操作系统，这些问题就迎刃而解了。可我们为什么不这么做呢？

我们担心换了新的系统后，这个菜单找不到，那个命令看不懂，搞得自己手足无措，一团糟。更重要的是，我们习惯了旧的操作系统，无视新系统的新功能。我们认为目前的系统还可以帮助我们完成工作，还可以凑合着用，所以没必要让自己劳心费力地认识一个不在自己掌控之中的事物。

我们担心未知事物会让生活变得烦琐，甚至会带来一定的风险。这促使我们把某种熟悉的行为重复成习惯。当我们开始依赖一种行为习惯行为时，我们的生活就开始变得无路可走。这就像一片草地，当没有路的时候，我们可以从任何地方通过。但当草地上出现一条路的时候，我们反而感觉别的地方不能走了，只能从这条已有的路上通过。

按部就班的生活方式，让大脑丧失了诸多功能，比如发现的功能、创新的功能、让自己获得真正快乐的功能……归根到底，习惯使我们丧失了按自己的真正意愿行事的能力。这就是习惯给我们带来的最大影响。

我们可以问问自己，我们不想更开心快乐吗？我们不想更富有吗？我们不想做自己喜欢做的事情吗？我们不想有优秀的业绩和成功的人生吗？每个人的回答肯定都是：“想！”那为什么做不到呢？因为我们相信这些与自己无缘，我们质疑自己的能力，我们放不下心中的恐惧，我们感觉改变自己实在是件痛苦的事。我们喜欢按照自己的习惯做事，习惯得到同样的结果，习惯为同样的事情烦恼，这些都在我们的掌控之中。我们知道最坏的结果，而我们做出改变之后的一切结果都是未知的。

在这个世界上，不是别的地方无路可走，而是我们对习惯的认同，使我们看不到别处有路可走。

7. 心中的“纸老虎”越大你越弱

思想制造的恐惧让我们变得脆弱，也限制了我们感知这个世界的能力。我们被恐惧绑住手脚，对未知的事物敬而远之，躲在自己一手构建起来的舒适地带里。恐惧只是我们大脑中的一堆想法，而我们的人生就被限制在这一堆想法里。

我们心中的那些恐惧想法，是如何实现对我们的禁锢的呢？

开始是重复。恐惧让我们重复在熟悉的环境中，面对熟悉的人群，做着熟悉的工作，重复着做过的事情，让我们的生活变得简单舒适。我们本能地依赖这种舒适的感觉，而这样的感觉，促使我们把一种方式重复成为习惯，把一种思维模式重复成为局限，把一天重复成为一生。舒适的感觉让我们在重复中打转，在熟悉中偷懒。

如果这样继续下去，我想我们都知道接踵而来的会是什么。那就是厌倦和乏味。我们在舒适地带重复着一种感受，渐渐地，我们失去了生命的活力，生活变得百无聊赖，没有品质。我们失去了对生活原有的兴趣和好奇心，总是希望避开那些新鲜事物，对一些新奇独特的事情敬而远之。

你一定很纳闷，既然恐惧对我们有如此大的危害，那我们为什么还执迷不悟地沉迷其中呢？恐惧中有什么样的感觉让我们恋恋不舍呢？

对未知的恐惧，可以将我们限制在自己的熟悉地带，熟悉地带给我们可预知的安全感。这种安全感又可以给我们一切尽在掌握的良好感觉。对这种良好感觉的依赖，使我们任由恐惧心理滋长，无视现实中的自己与理想中的自己之间的差距。我们在心中说服自己，一切都在自己的掌控之中。因此，我们感觉不到舒适地带已经为自己套上了枷锁，把自己限制在了伪快乐的范围之内，阻止着我们去感受更多美好的事物。

恐惧使我们无意识地将自我与现实对立起来，使我们不愿面对现实，避免看清现实的真正面目。恐惧让我们活在自我虚幻的世界里，借助伪快乐维系自我和现实之间的平衡。我们恐惧内心的平衡被打破，害怕看到那个连自己都无法改变的自己，不想证明自己是个扶不起的阿斗。随着恐惧的加剧，我们变得越来越脆弱。

第七章

“伪成长”游戏

CHAPTER 7

1. 你是否在伪成长

我看过一部俄罗斯的电影叫《危楼愚夫》。故事的主人公是个水管维修工，在一次维修中，他发现一栋豆腐渣工程的大楼很有可能会倒塌。他的良知和正义感使他不顾家人的反对，铤而走险向政府部门报告了此事，希望政府赶快疏散住户。起初官员们并不相信他说的话，决定派两个人和他一起去查看，结果证实这栋大楼确实是快要塌了。由于政府体制的腐败，加上疏散 800 多名居民需要大量的资金，最终，当地政府决定将了解内情的人灭口，以掩盖此事。主人公也差一点儿被杀掉。在他带着家人逃离的时候，发现大楼的居民并没有被疏散，他才知道政府根本就不想救这些人。他犹豫再三决定不顾妻子的反对留下来，自己去疏散居民。

他挨家挨户地叫醒人们，告诉大家这栋大楼要塌了，让大家赶紧跑。他把居民都疏散到大楼外，结果大楼并没有塌。居民认为他是在骗大家，在逞英雄，把他打了个半死。愚蠢的人们又各自返回了将要倒塌的大楼中。

我们抛开体制腐败这些外在环境的因素不说，单从人们自身的角度来看，这种局面是很可悲的。人们都生活在自己精心营造起来的舒适地带，在这里人们找到了安全感、确定感、舒适感。生活在这样的环境中，人们就像温水里的青蛙一样，变得麻木、无知、自闭，全然看不到大楼明显的裂缝和已经倾斜、将要倒塌的事实。结果把来救他们的主人公当成敌人，认为他在骗大家，认为他打扰了大家的生活。

人不会把自己置于危险之中。但是，很多时候人们寻求的是安全感，而不是真正的安全。国内的一些景区建有悬在半空中的玻璃栈道。栈道在修建的时候，都采用技术手段确保了它的安全性，并且经过了安全测试。所以，走在这些玻璃上是非常安全的。这是安全。但很多人就是不敢在上面走，有的踩上去就吓得哇哇大叫，有的甚至会瘫倒在上面。因为他们感觉不安全。这是安全感。伪成长的人们追求的是安全感，而不是安全。

大楼里的居民表面上是在寻求安全。他们在男主角的提醒下纷纷跑到了楼外，但他们并没有去求证大楼是否安全的问题，而是看到楼并没有塌，便纷纷回到了楼里，同时还责怪主人公打扰了他们的生活。

实际的危险就摆在他们的面前，只要他们去求证，就会发现这栋楼并不安全。但是他们追求的是心中的安全感，他们讨厌被打扰，害怕走出自己可以掌控的生活。所以，人们对安全感的追求就是一种伪成长，并不是真正的想要使自己安全。追求内心的安全感，反而让人们把自己置于真正的危险之中。这就等于追求安全，还不如不追求，因为这只会让自己更不安全。

2. 遵循模式就是在伪成长

人们不但寻求安全感，同时也在寻求自我良好感觉。这些都会模式化人们的生活，让人们试图将自己塞进各种模式里。接下来人们不管再怎么努力，都是在伪成长。那么我们都试图把自己塞进什么样的模式呢？

伪成长的模式一：人们认为让自己保持某种状态就能成功。所以，很多时候人们的努力都是试图把自己塞进一个模式里。一个网友对我说，他坚持创业十几年，工作也很努力，可是直到今天也没有什么成就，反而陷入了举步维艰的状态，不知道是该进还是该退。他问我还需不需要坚持下去。我说是否坚持和有没有成就没有直接关系，坚持到底不一定就是胜利，不一定就能够成全你。其实，在与网友的互动中，我遇到过很多类似的问题，比如，我活得不如意，是不是因为没有不断地提升自己？是不是我做事不能坚持？人们普遍认为，只要自己保持某种状态，如努力、执着等，就会成功，就会变成理想中的样子。其实，这并不完全正确。因为你的坚持或许是在试图通过某种行为来成全你的自我，这个世上没有哪种固定的模式可以使遵循它的人必定成功。

伪成长的模式二：人们认为只要选对目标，就容易成功。在我和网友的互动中，还有一个经常被问到的问题，就是做什么能够让自己更成功。例如，一个做视频剪辑的网友，他说不喜欢自己现在做的事情，也不知道该做什么。他想做有价值、有意义的事情，问我该怎么办。我就问他，为什么不喜欢。他说没有用，很无聊，没有技术含量，感觉没有价值。我说我也不知道在这个世界上做什么有价值、有用。如果真有这么一件事情，也不是只有我知道。那样岂不是大家都不用在各个不确定的事情上奋斗了，早就冲着那些有价值的事情去了？我说每个行业都有做得很优秀的人，所以不是哪件事情有价值、哪件事情没价值的问题。你应该思考，自己是怎样把一件很有意思的事情做成现在这样的。人们在做一件事情时，总是喜欢问有没有用、有没有好处、有没有价值、能不能成就自己，想要以此从模式中找到安全感。其实，没有人能回答这个问题。之所以你认为有，那是因为你在试图通过某件事情来成全自我。

其实，在这个世界上，不是有这么一件事情做好了，或者有那么一种状态保持住了，就注定能够成功。成功根本没有模式可循，模式更多是将自我意志强加在事情之上。但是人们偏偏就是认为，冥冥之中有一种方法、有一种模式在那里等着自己，只要把自己塞进去，自己就会变得不一样，就能成功。从成功励志图书市场的火爆程度来看，你也能发现很多人掉进了伪成长的误区。人们试图通过看更多成功励志的书，让自己找到成功的秘密。结果让寻找成功的方法，变得比让自己去成功更加重要。人们没有发现真正的限制来自内心，通过外部求助来解决问题就是伪成长。

伪成长的模式三：很多人忙碌是为了证明自己“活”着。人们很多时候的努力只是为了让自己不要停下来。我见过一个整天忙得不可开交的人，他的忙碌更多是为了把自己搞得很忙碌。例如，他和别人谈个小生意，完全可以借助现今便捷的沟通方式，将事情解决掉。但是他不行，他总是动不动就要跑一趟。去了人家也没有时间接待他，只是匆匆地和他聊几句。因为本来也不是什么重要的事情，打个电话，发个快递，传段短视频，这些事情都能解决。但他就是喜欢跑一趟，无论什么事情都是动不动就跑一趟。你想他忙成这样一定是个成功的人吧？其实不是，他一事无成，生活也过得很窘迫。他把自己搞得这么忙，只是为了不让自己闲下来。一闲下来他就感觉难受，感觉空虚。为了逃避这种难受的感觉，他总是给自己找很多事情来做。这是伪成长的又一种状态：为了感觉自己很用功，而去做一些事情，故意把自己搞得很忙碌，以此让自我感觉良好。很多时候，我们很努力、很用力，只是为了告诉自己我还没有放弃，是做给自己看的。

很多人看似在努力寻求成长，但只是一种假象。当你告诉他事实是怎样的时候，并不会促使他奋起一跃逃离困境。他会否定你说的事实，为自己找到不行动的理由。接下来，他还会四处去寻找解决方案，就这样循环下去，日复一日，年复一年。人生哪有那么多理由，哪有那么多条件，哪有那么多问题，任何事情只要你去面对、去行动就解决了。一直寻求成长，寻求解决方案，寻求方法，却很少采取行动，这就是伪成长。因为寻求给了他们没有放弃自己的错觉。伪成长让人们认为并不是自己不行动，而是没有什么条件等。这就是人们寻求安全感和自我良好感觉的结果。

3. 伪成长最容易陷入的5种伪模式

在日常生活中，我们经常会看到和听到很多激动人心的励志名言。也有很多人整天一碗一碗地喝着这些心灵鸡汤，他们在这些鸡汤的陶醉下执着地追寻着自己的目标。其实，这依旧是伪成长。下面我们看看这些鸡汤都是什么作料烹饪而成的。

（1）**虎口狼窝模式**。这一秒不放弃，下一秒就会有希望。今天很残酷，明天更残酷，后天会很美好，但绝大多数人都死在明天晚上，却见不到后天的太阳。所以我们干什么都要坚持！

当我们遇到挫折时，虎口狼窝的激励模式是最常见的。这样的模式告诉我们今天、现在、此刻是不好的、不理想的，明天、未来、下一刻才是美好的，或者说这样是不好的，那样才是好的、理想的。也就是进入下一个模式你就会如愿以偿，坚持到下一刻就能解脱。其实，这是在让我们逃出虎口跳进狼窝。这种模式让我们在一个个模式中跳转，以此找到坚持下去的动力和希望。

（2）**机会模式**。梦想还是要有的，万一实现了呢？努力了不一定能够成功，但不努力永远不会有成功的机会。

这样的激励模式利用的是我们的恐惧心理。人们执着于自己的意念，最根本的原因就是恐惧错过美好的、正确的东西，恐惧自己的生活过得一成不变和一眼见底。

（3）**苦难模式**。天将降大任于斯人也，必先苦其心志，劳其筋骨。吃别人所不能吃的苦，忍别人所不能忍的气，做别人所不能做的事，就能享受到别人所不能享受的一切。阳光总在风雨后，不经历风雨怎么见彩虹。

这样的激励模式告诉我们，苦难是从平凡蜕变到成功的重要渠道，要想成功就要经历这个过程。可是在这个世界上，能吃苦的人不少，但是所谓的成功者却寥寥无几。这就像我们时常可以看到打雷下雨，但彩虹难得一见一样。

（4）**自我否定模式**。不要一遇到沙漠，就怀疑生命绿洲的存在；不要一遇到困难，就怀疑人生目标的实现。不怕“难”字当道，就怕“懒”字沾身。挫折是一块石头，对于弱者来说它是绊脚石，让你停步不前。而对于强者来说它是垫脚石，使你站得更高。

在这个世界上，谁会承认自己是个弱者呢？谁会承认自己懒呢？谁会承认自己没有坚定的信念呢？没有人会真正承认自己是这样的人。我们都在追求人生的价值和意义，没有几个人自甘堕落，没有几个人认为自己是邪恶的。积极正面才是人的本性，邪恶是在自我意愿受挫后唤醒的受害者。

（5）**价值模式**。失败是成功之母，失败就是迈向成功应付出的代价。价值模式告诉我们，我们所遭受的挫败是有价值的，是值得的。它可以换来我们想要的生活。

无论你是老师、父母还是老板，你都可以回想一下，当别人受到挫折的时候，是不是都在用这样的方式鼓励别人？同样地，你是不是也在用相同的方式鼓励自己？

人们管理挫败的方法有很多，这里就不再一一列举了。但是，不管哪种方式，都不外乎是让你想象未来的美好，让你感觉当下所承受的一切都是有意义和价值的。这使大部分人认定只有不停地追逐，才是正确的人生方式，这些也是人们最常见的激励模式。我们在寻求成长，但是这都不会让我们获得成长，因为这还是在追求自我幻象的模式里。

在这里我们可以问自己一个问题，我们这么用力地成长，遇到任何挫败都没有放弃，都在坚持，可为什么直到今天我们都无法结束自己苦、累、烦的生活呢？最根本的原因在于我们活的是自我，而不是自己。这些模式都是自我的升级模式，也就是自我遇到挫败的时候，蜕变成的模式。活在自我世界里的人，遇到挫败的时候，会从一个幻象升级成另外一个幻象。表面上看我们是在成长，但实质是我们从一个模式跳到了另一个模式，没有什么本质上的区别。我们只知道追着自我的幻象坚持、努力、奋斗，却不知道如何安下心来享受眼前的美好生活。自我让我们认为只要停下来自己就输了，就失败了。所以我们的人生要么奔跑，要么一无是处。在这种情况下，我们看似很用功、很努力，可实质上只是一种“伪成长”。

第八章 “更多更好”游戏

CHAPTER 8

1. 更多并不会让你感到更快乐

有个朋友和我开玩笑说，他这一辈子只有一个愿望，可是都快50岁了还没有实现。我就好奇啊，这是个什么愿望啊，这么难实现。他说是一夜暴富。我说这是人之常情。我们之所以那么渴望一夜暴富，其中一个原因，是我们认为拥有一大笔钱，自己就会满足。一大笔钱可以给自己带来更多的快乐和幸福。

假如未来10年你一共能够获得100万元，可以一次性给你，也可以分成10年，每年给你10万元。这两种方式，你感觉哪种方式带给你的幸福感更长久？大部分人会认为一次性拿到100万元的幸福感持续的时间会更长。其实并不是这样的，据心理学家研究发现，我们的幸福感是会饱和的，不是无限提升的，幸福感一旦提升至一定的程度就会停止。幸福感饱和后，我们便不会体验到更多的幸福。这就像人吃饱了以后，再给你更多食物你也吃不进去。吃饱后再吃东西，人们是体验不到更多美味的，反而想吐。同样地，我们的快乐也不会随着钱的增加而持续增加。所以，并不是一次性获得的钱越多我们就越快乐。一大笔钱带来的饱和的快感，是不会持续到以后的每一年的，它会在一段时间里迅速消退。

一大笔钱，或者一次巨大的成功，不能给我们带来更多的快乐，那么怎样做才能让自己更快乐呢？心理学家研究发现，我们的幸福感并不取决于某次正面情绪的强度，而在于正面情绪出现的次数和频率。心理学家称之为“积极影响”。也就是说，只要是好事情，就能带给我们快乐和幸福感，而不在于它是多大的好事情。人们只能从一系列稳定的、小而频繁的奖励中获得持续的快乐。因此，要过快乐的生活，我们应该尽可能平均分配这些小的“积极影响”。大量一般的好事情，比一个非常好的事情更能令人感到幸福。人们更喜欢每次赚一点，每次得到一点好处，每天进步一点，或者每天都得到一点别人的鼓励和肯定。这样我们就会感到很快乐，而不是一次性得到一个特别大的好处和收获。

另外，人们对快乐的追求，更多的是对快乐的一种想象。我们认为一大笔钱、一次巨大的成功、能让自己更快乐，但这只是我们的想象。实际上我们并不真正了解自己的幸福系统。我们需要的是更多的、频繁的奖励。了解这一点后，我们就可以自主经营自己的幸福和快乐了。我们可以多做一些积极正面的事情，让自己获得更多的快乐。例如，我们可以经常安排自己去看看电影，而不是一年才安排自己看一次声势浩大的演出；我们可以经常买些小礼物奖励自己，而不是等拿到年终奖后，才好好犒劳自己一次；我们可以经常到周边旅游散心，而不是两三年才给自己安排一次豪华的旅行；等等。总之，让快乐常伴我们才会幸福，而不是去期待更大的快乐。

记住，人们是不会因为得到一个非常大的成功和回报而满足的，但人们并没有认识到这一点。

2. 没有边际的追逐

人们都在追求更快乐、更成功、更富有的人生，但是更快乐或最成功是什么样子的呢？恐怕大部分人都无法具体描绘出来。在这个世界上，真的有更快乐或者最成功的人生吗？

古希腊伟大的哲学家苏格拉底把弟子们带到麦田边，让他们到麦田里找一株最大的麦穗，并且只能进不能退。学生们纷纷跑到麦田里去找最大的麦穗。他们每看到一个比较大的麦穗就会想：“更大的麦穗是不是在前面，我可不能抓住一个自认为大的麦穗，而丢掉前面更大的麦穗。”所以，在没有走到尽头前，学生们总是认为眼前的麦穗不是最大的，最大的麦穗应该在前面。可是等他们一直走到麦田的尽头，仍然没有找到那株最大的麦穗，结果是两手空空而归。

我们的人生是无法回头的，我们追求更快乐的生活，就像在麦田里寻找最大的麦穗，注定成为一场徒劳。我们找不到最大的麦穗，同样也抓不住更快乐或者最幸福的生活。因为更大、最大是建立在否定当下的基础上的，它存在于思想里。只要你认为有更大或者最大的麦穗，就等于你已经确定了自己手中的麦穗不够大。所以，要找更大、最大的，就需要先确定眼前的不够大、不够好。这是人们最擅长的，不是吗？人们总是无限渴望更快乐、更成功，因为人们总是认为眼前的生活不是自己想要的，自己的人生应该更幸福、更成功、更富有。

我们的生活一旦导入了更大、更多、更好，或者最大、最多这样的概念和想法，我们就会迷失，迷失在对一个虚幻概念的追求之中。原因之一是我们并不知道更快乐、更幸福的标准是什么。是比现在的车好多少，还是比现在的工资高多少，或者比现在的房子大多少？它没有具体的标准，只是一个模糊的概念。它唯一的标准是与什么比较更大、更好。而我们一般认为的更大是比眼前拥有的更大。原因之二是即便我们知道房子再大多少，或者收入再多多少，我们就会更快乐，我们眼前的生活也会被更大、更多这样的概念无条件地否定掉。这样我们就不能再安享摆在面前的生活，我们的生活就会变得辛劳和痛苦。更大是比较的结果，是我们拿自己现在拥有的和别人的比较后才有的概念。这样的比较让我们无视自己目前拥有什么，无视抓得住、摸得着的实实在在的生活。

我问过一个 70 岁左右的大爷，为什么这么大年纪了还来北京打工。他说是为了翻修老家的房子。我说你家的房子不能住了吗？他说并不是因为不能住了才翻修。房子是前几年刚盖起来的红砖瓦房，还很结实。我就纳闷，那为什么还要重新盖呢？他接下来说的一句话让我感觉很无奈。他说：“周围邻居家都盖起了两层楼，让我家的房子看上去很寒酸。全家人决定明年翻修一下，也盖成两层的楼房。所以我也出来挣钱了。” 这位大爷就是在导入比较后，否定了自家刚盖好没几年的房子，准备把它拆了，盖成和邻居家一样的两层楼。结果就是本来有房子住，可以安享晚年的大爷，却不得不外出打工。

我们会不断发现别人拥有的比自己的多、比自己的大，永远也抓不住更大的和更好的。所以，我们一旦追求更快乐，就如同掉进了一个无底洞。我们会没完没了地发现自己活在不如意之中，而又无法触及更好的生活，结果就导致我们一直活在不能如愿的辛劳和痛苦之中。比较可以随意导入，但是却永远无法实现。

眼前的生活不是值不值得过、能不能过的问题，而是你必须要过，必须把它过好，以及如何把它过好的问题。你会生活，就能得到幸福、快乐。要做到这一点，我们就要知道自己真正需要什么，并且能够分清什么是需要、什么是想要。需要是自己真正的需求，而想要只是自我的需求。你一定要知道自己真正需要什么，否则就会迷失自己。大部分迷失了自己的人，就是因为根本不知道自己真正需要什么，才落入和他人的比较之中，才感觉别人的活法更好。生活不是你要过得比别人好，也不是东张西望的寻觅，而是知道自己真正需要什么，能够珍惜和享受摆在眼前的生活。

人生就像一场零和一的游戏，没有一，后面的零再多也没有意义。也就是说，如果你抓不住实实在在的当下，你对后面生活的想象再多、再好都毫无意义，因为你只能活在当下。活在当下，不与人比较，不是让你自以为是，也不是让你鼠目寸光，而是要你学会珍惜。珍惜自己看得见摸得着的、实实在在的生活。不懂得珍惜当下，就丢掉了生活的全部。你的整个人生，就成了一场追逐更大、更多的虚妄游戏。

PART 3

第三部分　自己——那个一直等你去发现的『我』

第九章

让心依附——不再自耗的唯一方法

CHAPTER 9

1. 人生不是只有万分之一胜算的赌注

随着马云的成功，有一句话火了，那就是：“梦想还是要有的，万一实现了呢？”这句话给了很多人坚持梦想的希望，让很多人认为只要有梦想，就可能会有发财、出名的那一天。这话让很多人看到了万分之一的成功可能，而完全忽略了失败的一万个可能。梦想万一实现了当然好，但问题是万一实现不了，我们该如何面对自己的人生呢？

当我看到很多人都把这句话挂在嘴边，把它当作救命稻草，作为追求梦想的动力时，我就在想，从什么时候开始，我们的人生成了一

场追寻万分之一胜算的赌局？我们的人生真的只有梦想实现的那一刻才值得追寻吗？真的只有那一刻才是美好的吗？我们追寻的真是自己的梦想吗？

我在创业初期，目标很简单，就是去做自己想做的事情。因为做的是自己喜欢的事情，所以很用心。虽然开始遇到了一些困难，但三年下来，还是积累了一些财富。

前面说过，人们总是沉迷于更多更好的游戏中。当手中有点钱的时候，便想赚更多的钱；当取得了一点成绩的时候，便想获得更大的成就，做更伟大的事情。我也不例外，我也想做更大的事情，实现更大的梦想。于是，我选择了一个高科技项目。当时这个项目在国际上也还处于萌芽阶段。我认为未来它一定有市场，便信心满满地开始投入大量人力、物力来开发产品。我的目标就是要找到投资把项目做大，但前期开发需要大量的资金投入，而寻找投资又需要一个漫长的过程。当我的资金不足以支撑下去的时候，便不得不放弃了这个项目。后来，我转变方向，又连续投资了两个项目，但项目的进展依旧不是我所预期的那样。

一次次的失败，让我迷失了生活的方向，陷入了人生该如何活的思考之中。在我总结自己为什么做不成这些事情的时候，我发现自己并不享受做这些事情的过程。我做那些事情，并不是单纯为了事情本身，不是因为对事情本身的爱而投入其中，而是想通过做这些事情来实现和满足自我的各种野心。

这是个特别注重商业价值的时代。我们身边到处充斥着成功的商业案例和成功人士的信息，各个媒体也在对他们进行大肆报道，无限放大其中的商业价值。这些信息不断为我们制造成功的幻想和诱惑，让我们误认为一个人的成功，更多的是商业上的成功，成功的标准更多体现在商业价值上。也就是说，只有商业上的成功，才能体现自我价值。你的梦想是不是也被别人锁在了这样一个单一的价值模式里呢？

我们所谓的梦想，早被这个社会潜移默化地影响和改变了。当别人认为这是个做什么的好机会时，你便认为自己不能错过这样的机会，便选择去做这件自己并不喜爱的事情。我的一个朋友，在前些年房地产投资正火的时候，劝我也投身其中。他说这是国内发展的又一个挣钱的机会，错过就没有了。当时很多人纷纷投身房地产市场，就连一点资金实力都没有的人也想通过做房地产销售来参与一下。我对他说，每天都有人在发财，但不一定都是做房地产的。你想要做什么，才是最重要的。别人要做房地产就让他去做吧，我有我要做的事情。

没有几个人能顶得住来自四面八方的诱惑，这让我们认为只有做某些事情才能成就大事，只有做某些事情才能融到资，只有如何运作才能上市。今天我们挂在嘴边的梦想中既有各种虚荣的诱惑，也有自我无限膨胀的野心和强烈的铜臭味，而唯独没有自己的爱。所以很多年轻人都有一个大大的梦想，却没有一个强大的自己。

社会舆论的影响也让我们认为只有像某些人那样才算是成功的人，这又将我们带入了一个梦想的误区。大部分人都渴望成为像李嘉诚、比尔·盖茨、马云那样的人，却忽视了这些人成功背后的本质。就好比一提到乔布斯，我们想到的往往是他的商业帝国，关注的也是他的商业模式，却忽视了他能够有这样的成就，根本原因在于他对自己所做事情的热爱和痴迷，以及对自己的坚守。如果对梦想的追求不是从事情的根本出发，那么就会造成我们的梦想只是浮躁心理滋生的幻象。

今天人们的梦想中普遍没有自己的位置，更多的是受外部因素的影响做出的选择和决定。在我们所谓的梦想中，更多的是要成为别人希望你成为的人，做别人希望你做的事。这样一来你成为的不是自己，做的也不是自己喜欢的事，可为什么美其名曰“我的梦想”呢？

在追梦的路上，我们首先要搞明白什么才是真正属于自己的梦想。梦想不是散发着强烈铜臭味的幻想，不是我们试图发大财、出大名的手段，也不是用来满足自己难以掩饰的虚荣和自我无限膨胀的野心的。如果你的梦想中掺杂了太多这样的东西，那么你做事的过程就会成为一种累赘，你的人生就注定是一场只有万分之一胜算的赌局。如果你的人生是这样的，那只能说明一点——你掉进了别人设的局，你在其中只能算作一个陪衬，你的人生也注定只是浮云。

从今天起，当我们在追寻梦想和目标的时候，一定要先问问自己，如果找不到投资，不能一夜暴富，也不能出人头地，那么你还做不做这件事情。比如，当你把音乐当作自己的梦想时，你要问问自己，在没有听众的时候，你能不能也一样快乐地唱歌和演奏。如果不能，那就说明这不是你的梦想和目标，而是别人的，或者说是你的野心。这注定了结果是迷失。因为在你做的事情中有个高高在上的自我，而没有对事情怀有敬畏之心的自己。你试图借助事物来实现自己的野心，而不是沉迷于事物本身。没有敬畏之心，人们的心就不会深深地依附于事情本身，而只是把事情当成了将自我带向幻象的工具。

心的依附就是无条件地把自己交给事情本身。其中有两个关键点，一个是无条件的、不带任何幻想和欲望去做事，另一个是为了事情本身。事情本身就足够让你感兴趣和热爱，而不是在事物上制造的幻象。这一切都以一颗敬畏之心为前提。

2. 心不能有所依附，是你误解了兴趣

我们对兴趣的理解存在以下几个误区。

（1）误区一：我们认为，自己对什么感兴趣，可以通过想象来弄明白。

人们之所以不能无条件地为了事情本身而努力，其中一个原因是我们的热情、兴趣早就被自我污染了。人们对热情和兴趣的理解，早就发生了巨大的偏差。人们挂在口头的热情、兴趣已经不再是它们本身。我们需要重新去认识做一件事情的基本状态——热情、兴趣。

我们时常把自己做不好一件事，或者对一件事情不上心，说成是对这件事情不感兴趣。兴趣成了我们做不做一件事情，以及能否做好一件事情的前提条件。但很多时候，我们所谓的没有兴趣，只是自己逃避一些事情的借口。我们做不好一件事情，对一件事情不上心，是

我们对兴趣的理解存在误区。也就是说，人们口中所谓的兴趣，并不是兴趣本身。

我的一个读者，在很长一段时间里，深受自己对什么感兴趣这个问题的困扰。他在大学里学的是国际贸易专业，但他对这个专业并不感兴趣，同时他也不清楚自己到底喜欢什么。大学毕业后，他随便找了一份行政助理的工作。当然，他对这份工作也不感兴趣，所以做得并不好。即便他整天坐在办公桌前，也只是在胡思乱想。

我就问他："你每天都在想什么呢？"他说："我在想自己对什么事情感兴趣。"原来，他认为，人活着一定要做自己感兴趣的事情，否则就是对自己的一种背叛，就是在浪费自己的生命。于是，他花了大量时间，试图搞清楚自己到底对什么事情感兴趣。但他越是想找到自己的兴趣所在，就越是迷茫。他非常不愿意就这样把自己的一生交给一件不感兴趣的事情。

结果，他既想不明白自己到底喜欢什么，也无法让自己安心去做眼前的工作。他上班的时候，感觉就像在蹲大狱，非常煎熬。工作做不好，能不能保住这份工作都成了问题，所以，他非常困惑。

听完他的经历，我们会发现，他试图通过想象来搞清楚自己对什么感兴趣。他认为兴趣是可以通过自己的想象或思考来搞明白的。其实，不只是他一个人这样想，很多人都这样认为。这就是我们在对兴趣的认识上存在的第一个误区——我们认为，自己对什么感兴趣，可以通过想象来搞明白。

我们真的可以通过想象找到自己感兴趣的事情吗？我们真的会热

衷于自己想象中的事情吗？回答这个问题前，我想再和大家分享另外一位朋友的经历。

小吴高中毕业后，家人决定送他到国外留学。为了选个他喜欢的专业，他和家人花了很多工夫。他反复思考了自己对什么感兴趣，同时他和家人也仔细分析过，学什么专业最有前途，他甚至找了专业的评估机构，评估自己适合学什么专业。最终，他选择了法律专业。

当他在国外开始学习的时候，他发现并不像他所想象的那样。有太多的法律条款需要死记硬背，让他感觉非常枯燥，毫无乐趣可言。之前他想象中的兴趣完全没有了踪影。虽然他知道自己应该努力学习，却总提不起精神来。为了填补心中的空虚，他把大量的时间都用在了玩儿和做别的事情上，这让他对自己很失望。经过慎重考虑和理性分析后选择的专业都不能让自己感兴趣，这让他实在不知道该如何是好。小吴的经历只能说明一件事情——兴趣不是我们对事情的想象，兴趣不能通过想象获得。

（2）误区二：我们认为，自己对一件事情不感兴趣，是自己没有选对事情。

分析完这两个案例，我们首先要思考一个问题："我们为什么会如此迷信思想？"

一个原因是想象给了我们理智的假象。我们认为通过反复思考，衡量了事情的利弊，这样做出的选择一定是稳妥的、保险的。

另一个原因是我们深受一些传统观念的影响，普遍认为"选对事情，事半功倍；选错事情，事倍功半""一步踏错终生错"等。这些观念都在无形中强调了选择的重要性。这让我们认为人生的很多事情都是选择的问题，只要选对了就会水到渠成。

同样地，我们认为兴趣也是选择的问题，只要选对了事情，我们就会感兴趣，就会获得成功。但实际上，兴趣是不可以通过选择获得的。我们可以思考一下，选择做互联网的人不少，但有几个马云呢？选择做手机的人也不少，又有几个乔布斯呢？其实，我们步入了兴趣的另外一个误区——我们认为，自己对一件事情不感兴趣，是自己没有选对事情。没兴趣的原因出在事情上，而不是出在自己身上。

其实，兴趣不是我们对事情的想象，也不是对事情的选择，而是我们在做事情的过程中对事物的一种积极体验。兴趣只有在行动中才能感受得到。

（3）误区三：我们认为，兴趣是事情能否为我所用。

既然兴趣是我们做事情时的积极体验，那么如果我们对正在做的事情不感兴趣，是不是就说明我们真的不感兴趣呢？就像前面两个案例中提到的两个人，一个是对在做的行政助理工作不感兴趣，一个是对在学的法律专业不感兴趣。要想搞明白这个问题，我们需要先回答另一个问题："他们为什么对这些事情不感兴趣？"

那个做行政助理的朋友说："和我一起毕业的同学，好多都进了大公司，工资是我的两三倍。有的买房，有的出国，好多都比我发展得好。而我不但挣得少，还没什么发展前途。感觉自己大学本科白念了！所以我对这件事情没有兴趣。"

那个学法律的朋友说："当我开始学习时，发现要背很多枯燥难记的条文和法规。根本不像电影里的那些律师，个个能言善辩伸张正义，所以没有了兴趣。”

从他们最初对事情感兴趣的解释来看，他们并不是对事情本身感兴趣，而是对自己赋予事情的那些幻想感兴趣。也就是说，我们感兴趣的，是围绕事情的那些自我幻想，而不是事情本身。大部分时候，人们对一件事情感兴趣是因为人们认为那些事情很体面，可以让我们光宗耀祖，让我们获得权力，或者发家致富，是我们为自己想做的那些事情赋予了美好的意义和价值。这就是通常情况下，我们想做一件事情的原因。因此，我们并不能说自己对事情真的不感兴趣，而是人们为事情赋予的这些幻想将事情本身理想化了，人们不感兴趣的原因是事情没有自己想象中的那些功用。

通常来说，我们对一件事情不感兴趣，是因为我们认为这件事情不重要，即便做了，也没有用，也不会给自己带来好处，不能体现自我价值。正是这样的想法，让我们对事情宣判了“没兴趣”的死刑。这时我们又步入了兴趣的另一个误区——我们认为，兴趣是事情能否为我所用。

3. 早已被幻想吞噬的兴趣

怎样才能让我们对一件事情真正感兴趣呢？

真正的兴趣是我们纯粹喜欢事情本身，完全沉迷于这件事情，愿意把自己无条件地交给事情，愿意沉浸其中。兴趣是我们对事情本身怀有一颗敬畏之心，而不是为了让事情服务于自我。否则，这不能说是兴趣，只能说是交易。

就好比很多人搞音乐，并不是单纯地喜欢音乐，也不是因为被音乐的魅力所折服，而是试图通过音乐让自己出名和发财。我们往往会把自我放在比事情更高的位置上。兴趣应该是一种单纯的行为，单纯地为了事情本身。兴趣不是成全自我野心的渠道，它与个人的得失没有关系。

当我们对一件事情怀有敬畏之心的时候，兴趣才会真正产生。这会让人们忘记时间和自我，不计较得失，也没有恐惧。这种状态说明我们对这件事情真的感兴趣。

兴趣是我们心中的一份纯粹，但现如今想要纯粹地做一件事情，似乎很奢侈，今天的人们最不擅长的就是单纯地去做事情。因为我们太擅长把一件简单的事情变得复杂。我们很轻易地就能将一件单纯的事情和金钱、名利及地位扯上关系。因此，无论做什么，都成了极其痛苦的事情。

不能单纯地做事情，不会单纯地只为事情本身考虑，是人们的通病。这和我们的社会环境有很大关系，也和我们接受的一些教育有关。很多时候，我们接受的是制造幻象的教育。人与人之间，彼此都在为对方制造幻象，而不是单纯地为了做事情。比如，家长之所以让孩子去学绘画，并不是为了绘画本身，而是为了陶冶孩子的情操，培养孩子的审美观，或者为了将来可以成为像谁一样的大画家等。陶冶情操和培养审美观，以及成为大画家，这些都是我们在绘画这件事情上制造的幻象，因为这些都不是绘画本身。这样做的结果是，我们很不善于做事情，而是很善于制造幻象。

我们一定要记住，无论我们喜欢什么，或者孩子喜欢什么，都不要轻易在事情上制造幻象。因为我们一旦在事情中制造了幻象，就会迷失，就会失去我们的敬畏之心。只要我们一天成不了画家，就会多一天活在煎熬之中。用不了多久，我们就会对绘画失去兴趣。幻象的破灭，会成为我们对事情失去兴趣的原因。同时，幻象的破灭也会带给我们挫败的感觉。

问题的关键是，我们制造的幻象在很大程度上和事情本身没有关系，只是自我的心理安慰。

还有一点，即便有一天幻象成真了，我们也不认识它，因为我们会马上有新的幻象。幻象的本质是让我们不知足，不能享受眼前拥有的生活。活在幻象中，我们唯一的人生状态就是在不停地追逐。

当单纯地去做一件事情时，有的人心中会有一种莫名其妙的恐惧。他会想，单纯地为了事情本身，难道我们不用考虑生存的问题吗？不用挣钱吗？可我想问的是，钱是怎么来的？钱是做好一件事情挣来的，钱总是青睐那些会做事情的人。我们的生存之所以会成为问题，在很大程度上就是因为我们不会单纯地做事情，做不好事情。

单纯地、无条件地为事情本身努力，才是我们做好一件事的前提条件。而绝不是我们善于制造幻象，就能做好事情。在这个世界上，任何事情都有其价值，并不是我们认为什么有价值它就有价值，什么没价值它就没价值。再简单的事情做好了也会创造出无穷的价值。比如创办肯德基的桑德斯上校，仅仅通过炸鸡和汉堡，就能创立一家世界五百强的企业。你说什么事情有价值，什么事情没价值？价值无处不在，任何事情都能带给我们财富，关键是我们是否会做事情。一切区别只在你的心中，而不是事情本身。

我们说的无条件地为事情本身，“无条件”其实就是避免我们用自己狭隘的视角来局限事情。因为价值时刻都在展现，一旦“有条件”，价值就会受到局限。后文我们会深入地说到这一点。

4. 还自己一个真相

这本书一直在说两个词——“自我”和“自己”。那么，我们什么时候活的是自己，什么时候又迷失在自我中制造着幻象呢？其实这都体现在做事中。当你有一颗敬畏之心时，做事情才会投入其中、乐在其中。事情本身就会带给你无穷的乐趣。这说明你做的是自己。一方面，你没有在事情中制造幻象，只是单纯地爱事情本身，没有制造区别和冲突；另一方面，这时你把自己放在一个与事物平等的位置，带着一种谦卑和学习的心态，而没有试图让事物成为成全自我的工具，让事物服务于自我的野心。单纯地享受事物带给你的快乐，这时就是在做真正的自己。真正的自己尊重事物本身，允许事物是它们自己，为事物本身而感动，没有在其中附加额外的野心和意志。反过来，当你在做一件事情的时候，总是想通过这件事情达到自我的某种目的，比如获得权力地位、名誉、尊重等，这时自我就介入了，你也就迷失了。因为事情不等于你在其中附加的这些目的，事情就是事情本身。你在其中附加了你的野心，就是在制造冲突和斗争。这时即便你再怎么努力，再怎么奋斗，也只是在自我消耗。

在一次演讲时，一个女孩对我说："程老师，我做保险两年多了，现在有点迷茫。当初我大学毕业以后要卖保险，家人非常反对。可是我在了解了保险这个行业以后，感觉这个行业非常值得做。因为中国人的生活太没有保障了，每个人都需要保险，保险会带给很多人幸福。当时我有一种强烈的使命感，它促使我不顾家人的反对坚决选择了这个行业。可是两年过去了，我在这个行业并没有做出什么成绩。这让我开始怀疑自己的选择，连当初的那种使命感也没有了，我现在甚至开始犹豫自己是否还要继续做下去。你说我该怎么办呢？"

我说："你要做的是抛开那些'高大上'的说辞，学会单纯地为事情本身。这就是一份销售的工作，并不是你赋予它价值它就有价值。它的价值远远不是你想象的那样。现在你要做的，就是单纯地去做这件事情，让自己在单纯的事情中找到乐趣，让自己爱上事情本身。"

很多时候，我们追寻的目标中都承载了自我野心和自我意志。我们早就不再单纯地做自己想做和喜欢做的事情了。我们把那些虚幻的东西看得比事情本身更重要，把幻想和事实混在一起来看待。是事情中承载的野心激励我们去做了这件事情，而不是事情本身促使我们去做的。

前面我们说过，当你要做一件事情的时候，你要先问问自己，如果这件事情不能体现自我价值，不能让你变得重要，也不会让你赢得别人的认可，你还做不做？你是要追求这件事情背后承载的价值和意义呢，还是要为了事情本身让自己痴迷其中呢？我们应该在没有任何虚幻杂念的情况下，去发现事情的美，去让自己爱上事情本身，也就是让自己安下心来，单纯地去做事情。只要是在单纯地做事情，我们就不是在制造分裂和冲突，而是在创造和发现，而且我们所创造的价值，往往不是我们看到的那样。

从今天起，我们一定要明白，无论我们的梦想是什么，都应该是单纯地以做事情为前提，安心做自己想做的，爱自己所爱的。如果你能安心做自己，单纯地为事情本身，那么在你心中一切就没有了大小之别，没有了高低之分，没有了贵贱之差。在做事的过程中，你也就没有了逃避和抗拒。安心做自己，单纯地为事情本身，你就没有制造分别，就没有制造歧视和冲突。内心所有的混乱，在你安心做自己的时候便已经结束。安心做自己，安心地做自己的事情，做事本身就是一种享受。能够安心其中，你就已成功，就有快乐。我们要记住：梦想不是万分之一的赌博，而是无条件地依附。

5. 面对时学会喜欢

如果我们每个人都能有一颗敬畏之心，就会爱上自己所做的事情，当然也就没有了这样那样的问题和烦恼。但关键是很多人都做着自己不喜欢、没兴趣的事情，根本不能全情投入地去做自己在做的事情。很多时候，我们做事成了一种迫不得已的行为，好像单纯是为了解决自己的生计问题。比如你正在上学，或者正在实习，正在做着一份普通的工作，面对这些事情的时候，你总是试图逃离，总是盼望着下课，盼望着放假，盼望着下班，盼望着离开。对于造成这种局面的原因，大部分人认为是自己在做的事情出了问题。

回过头来看看，我们想做的做不到，爱做的没前途，在做的又做不好。在这三种情况中纠结，成了现代人做事情的常态。这是因为人们没有明白做事情的根本所在，才会陷入这样的尴尬局面。其实没有我们所谓的爱做的事情、想做的事请和在做的事情这样的选择。做事情只有一种区别，就是投入与不投入。

弗吉尼亚联邦大学的博士生劳拉・吉肯做过一个实验，来研究专注状态下人们对事物的看法和态度。他们把被试人分为两组，在实验开始之前，分别通过心理暗示让这两组被试进入专注程度不同的状态，一组被试人注意力集中，另一组则处于精神涣散的状态。这时让他们在电脑上完成一个“捡豆子”的测试。屏幕上的豆子会一颗接一颗地出现，被试人需要从中选出好豆子。如果选对了，就会加分，选错了则减分。而且在他们做出选择后，电脑都会马上给出正确答案。但事实上，这些豆子没有好坏之分，电脑给出的答案都是随机呈现的，并不像被试人认为的那样：圆圆的就是好豆子，有斑点的就是坏豆子。实验结果发现，注意力专注的被试人会认为更多的是好豆子，更能发现这些豆子好的一面。而注意力涣散的被试人则认为更多的是坏豆子。

这个实验就证明了，人们在专注、投入的状态下会变得乐观，更能看到事物积极的一面。我认为其中的原因在于，当人们把注意力聚焦在当下的时候，排除了心中各种杂念的干扰，人们只是在无区别地感受眼前的事物，也就更容易把注意力集中在事物美好的一面上。从这个实验我们也可以看出把任何事情做出兴趣的法则就是，心无杂念地专注其中，只要你专注其中，事情在你眼中就会变得美好。在你眼中那些普通的没有什么区别的豆子就会成为好豆子。这时你的兴趣就会大增。

很多时候，我们心中对事物的抗拒，并不会让我们免于去做这件事情。抗拒不是解决问题的办法，只能加大我们做事情的痛苦。所以，要想做好一件事情，最重要的就是消除对事物的抗拒之心，也就是不要在事情中导入自我。因为导入自我后，事情就有了好坏之分，人们的抗拒心理就会产生。这时要想将抗拒之心转变成敬畏之心，就需要转变视角，从自我的模式中走出来。只有这样，人们才能看到事情的更多面，才能发现其中的更多价值。总之，无论我们做什么事情，区别只在我们心中。敬畏之心升起，抗拒之心就会消散，痛苦烦恼就会消散。乔布斯说过，只有爱你所做的，你才能成就伟大的事业。如果你没有找到自己所爱的，继续找，别停下来。他说得非常对，因为爱而成就伟大的事情。但是，我怀疑所爱是否可以通过寻觅而找到。我倒是更认同丘吉尔的一句话："并不是我们喜欢一件事情，就可以把它做好，而是我们在做的时候，学会了喜欢它。"无论我们在做什么，学会爱事情本身，才是我们要做的。这才是成就伟大事情的根基。因为，爱可以让你无条件地投入其中，爱可以让你不急于求成，让你无怨无悔。忘掉自我，单纯地为了事情本身，才是成就伟大事业的根本。

屠呦呦女士因为发现了用青蒿素治疗疟疾的新疗法而获得了诺贝尔生理学或医学奖。她是第一位获得诺贝尔科学奖的中国本土科学家，以及第一位获得诺贝尔生理学或医学奖的华人科学家。这是中国人的骄傲，也是人类的骄傲。她获奖引起了人们极大的关注，但同时人们更为感兴趣的，恐怕是一个人如何能够成就伟大的事业。

屠呦呦能够有今天这样的成就，离不开她对事情本身的热爱。她把自己的人生都许给了事情本身，她的大半生都在做研究，并且以身试药，给身体造成了很大的伤害。所以，我认为要想做好一件事情，单靠坚持和努力是远远不够的。只有当你把自我抛在一边，让自己爱上事情本身，带着一颗敬畏之心去做事情时，你才能乐在其中，才能为成就伟大的事业扎下根基。其实，当你爱上事情本身时，能不能成名，能不能获奖，这些都不重要了。

列文虎克是荷兰的显微镜学家、微生物学的开拓者。他是显微镜的发明者，他一生磨制的镜片超过了 500 个，并研制了 400 种以上的显微镜，其中有 9 种至今仍有人在使用。他利用自己研制的显微镜首次发现了微生物，并因此成为英国皇家学会的会员。但是他起初研究显微镜的时候，完全是出于对放大镜本身的兴趣。

他的研究工作是保密的，从不允许任何人参观。他总是单独一个人在小屋里耐心地磨制镜片，或者观察他感兴趣的东西。要知道磨制镜片是个非常耗时的工作，需要超强的耐心和细心。但是他从没有感觉这是件枯燥的事情，反而总是沉迷其中。他也从来没有希望得到别人的认可，或者得到什么荣誉，他就是单纯地喜欢这件事情本身。后来他在一个朋友的强烈建议和劝说下，才把自己的显微镜和观察记录送给了英国皇家学会。他的发现震惊了整个科学界，他也因此很快成了皇家学会的会员，但他并不太看重这些。我们一定要明白，成名和获得荣誉只是我们做事情的副产品。

心理学家米哈里·契克森米哈赖曾提出“心流”的概念，它是指一种大脑注意力毫不费力、自然而然地沉浸在事物中的状态。这种状态可以让人忘却时间，忘掉自我，也忘掉那些烦心事。在这种状态下，人们可以体验到一种超乎寻常的愉悦感，米哈里把这种体验叫作“最优体验”。而要想让自己在做事情的时候达到这种体验，就要在做事情的时候不带任何分别，不带任何奢望和渴求，只是为事情本身。

只有带着一颗敬畏之心，无分别地为了事情本身，我们才会享受去做事情，我们的人和事才能合二为一，我们才能有前进的动力。这种动力是自发的，不是别人或外在可以强加给我们的。这就是自我和自己的区别：一个是被动的力量，一个是自发的力量；一个是高于事情的，一个是沉迷于事情的。

6. 让心依附，你才会真正强大

我们生命的力量就好似一颗颗种子，有了可依附的土壤，才能生根发芽、开花结果，年复一年茁壮成长，直到成树、成梁。如果这颗种子不知道如何把自己深埋在土壤里，而是被风吹着东飘西荡、不着不落的话，那它就不会生根发芽。如果我们的心能时刻依附于所做的事，我们就可以创造出美好的东西，甚至是创造出奇迹。

当然，心的力量不但可以将我们带向光明，也可以将我们带向黑暗；不但可以将我们带向卓越，也可以将我们带向平庸；不但可以将我们带向快乐，也可以把我们带向痛苦的深渊。心的力量创造出的是什么，完全要看我们是在活自我还是在活自己。我们从前文说到的一系列心理游戏中也可以看出，在自我的世界里，心的力量制造了一个满是冲突的世界，也创造了人们没完没了的痛苦和辛劳。

人们大部分时间都活在自我的世界里。这导致了人生不如意事十之八九。再加上这个世界物欲横流，我们想要快乐地度过自己的一生不是一件容易的事情。但是有一件事情可以让我们的人生不再悲催——那就是活自己。

有一次乘飞机出差，坐在我身边的是一个学画画的年轻人。他闲着没事，就跟我聊起天来。他说他住在通州的艺术村——宋庄，那里聚集了一大批艺术热爱者。他说那里的环境并不好，自己住在一间十几平方米的平房里，有时候一个月才能卖掉一幅画，所以也没有什么钱。他一天三顿饭基本上总有一顿是吃泡面。他也不敢谈女朋友，因为没钱请女朋友吃饭。这次回家的机票，都是父母帮他买的。他说他不在乎吃什么、住什么、穿什么，也不在乎出行是坐飞机还是坐大巴，只要能让他继续搞创作，他就感到无比快乐。听到他的话，旁边的一个人带有讽刺意味地说："艺术是不能当饭吃的。"他不屑地说："我不在乎这个世界需要什么，我只知道我需要什么。"

他的话是不是也让你认为他很疯狂呢？你是不是也想说，创作那些东西有什么用，能住上大房子吗？能开上豪车吗？能养活自己吗？会发出这样的疑问说明你没有真正爱过一件事情。如果一个人没有自己所爱的事情，那他的人生就像一粒随风飘荡的种子。风往哪里吹，他就往哪里跑，没着没落的，心中满是恐惧。这样的人不懂小伙子的这种热情有多么可贵和强大。当人们的心能够深深地依附于事情本身时，人们就会变得坚定和无所畏惧，也不再计较得失。

有一部电影我非常喜欢，它平实中带着一种无比强大的力量，这部电影叫《女招待》。影片中的主角吉娜在一家餐厅做服务员，她喜欢制作各种美味的派，她做的派有点像披萨。吉娜的生活并不幸福，甚至可以说是生活在水深火热之中。吉娜一直被一段名存实亡的婚姻困扰着。她的丈夫厄尔是一个自私、自大、控制欲强、有暴力倾向，但是又很软弱、很窝囊的人，对待吉娜的方式非常恶劣。吉娜每天挣的钱得全部交给他。他不允许吉娜私藏一分钱，会想尽一切办法把吉娜藏起来的钱都搜出来。在吉娜很累的时候，也要强迫和她做爱。吉娜一直想参加一个派的烹饪比赛，而厄尔却坚决反对，他不允许吉娜有任何非分之想。吉娜只能老老实实地在餐厅打工，她就像奴隶一样被牢牢地控制着。

吉娜想挣到足够的钱，离开这个软弱无能的男人。可就在她偷偷攒了一点钱想要离开的时候，却意外地发现自己怀孕了，这让吉娜很无奈。她在做产科检查时，遇上了已婚的妇产科医生波马特，两人疯狂相恋了。可是最终吉娜发现，这个自己深爱的、让自己看到希望的男人不能给自己任何承诺，只是想和自己上床。

看到这里，你会感觉吉娜是个十足的倒霉鬼。生活一次次地捉弄她，让她过得无比悲惨，但她无论遇到多么痛苦的事情，都能从做派中获得无限的乐趣。她很享受做派和构思一个派的过程，她把自己对生活的感受，都融入自己的构思中。在得知自己怀孕时，她感觉这个孩子来得不是时候，就构思了一个“坏宝贝派”；她喜欢上波马特时，心中复杂的感觉让她构思了“外遇派”；丈夫向她发脾气的时候，她构思了“丈夫发脾气派”。她把生活的各种味道都融入自己做的派中。只要一开始做派，她就会感觉生活很美好。生活中的酸甜苦辣咸，都会变得美好起来。她对做派的热爱，让她感觉生活并非全是不幸，并非全是赤裸裸的灰暗。正是对做派的热爱，让她没有对生活绝望。那些不快乐的经历，反而成了她创作各种派的素材和灵感，让她创作出了风味独特的各种派。这证实了没有爱的心不能依附，只有拥有对事物深深的热爱，人们才会无所畏惧。心中的热爱能让不幸看上去不那么痛苦。

吉娜对做派的热爱，让她痛苦的生活变得不再那么痛苦，也让她自己变得更加坚强。吉娜知道自己和波马特的行为是错误的，受尽良心谴责的她从朋友身上得到了启示。在女儿出生当天，吉娜决定开始过自己想要的生活。她决意与丈夫分开，同时也和波马特划清了界线。她凭自己的实力参加了派烹饪大赛，并且获得了冠军。吉娜凭着自己对做派的热爱，开了一家餐厅，一个人带着女儿开始了新的生活。我没有说她开始了快乐幸福的生活，是因为我不知道未来有什么等着她。但有一点我可以肯定，那就是一个拥有爱的人，可以面对任何痛苦，因为她爱自己的生活。唯有爱可以让人变得强大和独立。

人这一辈子，一定要做一件事情，那就是学会爱事情本身。对事物的爱和兴趣不但能够帮我们直面人生的惨淡和不如意，而且也可以使我们的懒惰荡然无存，让我们忘我地投入其中。同样地，当我们爱事情本身时，我们就不会太在乎别人怎么看自己。因为我们心中有爱，我们知道自己需要什么。发现自己心中的爱是我们直面不确定和惨淡人生的一项重要任务。心中有爱我们便可不惧生活的风吹雨打，因为我们的心已经深深地扎根于生活。

7. 让心依附，你才会具有智慧

很多人认为自己做不了一些事情，是因为自己没有别人那么聪明，或者缺少做事情的条件。真的是这样吗？

英国有个男孩叫伊斯顿，他仅 19 岁就已经靠自己的发明享誉全球。他不仅拿下了国际科学工程大赛的二等奖，被奥巴马邀请到白宫，还被 NASA（美国国家航空航天局）邀请共同开发太空项目。他被媒体誉为下一个乔布斯或比尔·盖茨。到底是什么伟大的事情，让只有 19 岁的他变得如此厉害呢？因为他发明了可以用意念控制的机械手臂。

伊斯顿从小就像其他小朋友一样特别喜欢变形金刚，他觉得拥有一个机器人的手臂是一件非常酷的事情。14 岁时，他就用乐高积木、钓鱼线和几个控制器制造了一个小小的机器人手臂。当他把这个作品展示给老师和同学们的时候，大家都惊呆了，认为这简直是不可思议的事情。

他带着自己的机械手臂，参加了一个科技博览会。在那里他遇到了生来就没有手臂的小女孩珍妮。小女孩戴着假肢兴奋地与伊斯顿的机器手臂握手，这让伊斯顿十分好奇。在与珍妮父母的接触中，他得知珍妮戴的假肢是一种被植入脊髓的可控假肢。安装这样的假肢费用很昂贵，他们很难承受得起。而且关键是安装这种假肢很不方便，随着小女孩的成长，需要不断进行更换，还需要花费更多钱，这给小女孩和她的家人造成了巨大的压力。

这次经历让伊斯顿意识到，科技发明不应该仅仅成为商家牟利的工具。于是，他有了把自己的发明变成一个假肢的想法，这样一来他就可以帮助更多像珍妮一样的残疾人。只有 14 岁的伊斯顿，带着自己异想天开的想法，钻进了自家的车库，开始了他的“研究”。

虽然伊斯顿的动手能力很强，但当时只有 14 岁的他对自动控制、计算机编程及后来的意念控制都一无所知。他说：“5 年里，我做了无数次的试验，经历了无数次的失败和挫折。从机械臂的自动控制装置到微处理器、电机信号等，我都要从头学起。”这期间他多次几近崩溃，也曾尝试去询问专家，但专家们都觉得他的想法太过离谱，尤其是当他提到要用意念去控制手臂时，一听就是不靠谱的事情！这些质疑之声并没有让伊斯顿失去信心，反而激起了他的斗志，他开始一边自学一边研究。

最终，他用了 5 年的时间，实现了这个异想天开的想法。他既实现了用意念控制机械手臂，又把这种手臂做得很轻，而且还把制作成本降到了 500 美元！

看完这个故事，有的人说，看来要想搞发明需要自家有个车库；有的人说，中国也有这样的天才，只不过迫于生存压力没有展露才能；还有的人说，我 14 岁的时候也想做个科学家，可是没有考上大学，所以放弃了。

我感觉不管大家说什么都是多余的。说没有车库，可是中国的车库少吗；说生活压力大，可是和 20 年前比起来，现在已经优越了

100 倍；说没考上大学，可是伊斯顿开始做研究的时候，对那些专业知识也一样一无所知。如果说中国这样的天才多得是，只是缺少条件，那就错了。何为天才？如果会被所谓的条件限制，那还叫天才吗？我们每个人本来都有无限可能，本来都是天才，但大部分人都活得平庸。这是因为我们受到了各种自我思想的限制。如果伊斯顿说，我不懂自动控制，不懂计算机编程，不懂 3D 打印，所以做不了。只要有一个这样的想法，他就不会有最终的成就，他就成不了天才。天才首先是不受自我限制的，能够无借口地去做一件事情的人。

此外，天才会无条件地喜欢一件事情。伊斯顿从小就喜欢变形金刚及机械之类的东西。他无条件地喜欢这些。这使他专注其中，不求任何回报，他的行为也证实了他是无条件地喜欢这件事情。实验成功后，他并没有将这一革命性的发明申请专利以谋取利益，而是将核心数据与程序代码完全公开在网站上，无条件地和大家分享，这才是真正的爱。在我们心中，自我被放在高高在上的位置，事物也被当作成全自我的渠道，而根本就没有对事物深深的热情和爱。

当我们对事物心存满满的热情时，我们就会乐在其中，就会自觉自愿地去完成一项工作，而且仿佛不是我们去做了这些事情，而是事情自然而然地发生，就像有动力驱动似的。就像伟大的科学家牛顿一样，他忘我地沉浸在科学研究中，享受着其中的无限乐趣。他废寝忘食，甚至感觉婚姻都是多余的。在这样的状态下，他哪还有时间和精力去理睬那些让人痛苦和烦恼的事情呢？也只有在这样的状态下，人们内心的力量才能得到最有效的发挥，人们才会有智慧去创造。

第十章

力所能及——你的一切都需要从此开始

CHAPTER 10

1. 你有力所能及的力量

我们上面说到了让心依附，让自己爱上事情本身，但具体该怎么做呢？很多人就是不知道该如何让自己无条件地去爱一件事情。有些读者对我说，自己有想法、有目标、有梦想，但是不知道该如何着手去实施。我一般都会告诉他们："从自己力所能及的事情做起。"一个人是否有前途、有未来，要看他是否能从自己力所能及的事情做起，是否在做自己力所能及的事情。大部分人之所以不成功，其中一个重要的原因，正是不去做自己力所能及的事情。

有一个读者在国企做技术员，工作三年了，虽然很努力，但工作总是做不好。他一直没有找到做事的感觉，做什么都笨手笨脚的。他经常被主管唠叨，当然也一直没有得到提拔。他说他很喜欢搞音乐，对音乐很上心。搞音乐时自己总是信心满满，也会很投入。所以他认为自己现在工作不出色，是因为工作不是自己力所能及的事情。于是他在考虑是不是应该去做自己力所能及的事情——搞音乐呢？

你也许认同他的观点，认为他正在做的事情不是自己力所能及的。他选错了行业，这个行业超出了他的能力范围，他应该去做自己力所能及的、擅长的事情。但其实这是我们对力所能及的认识的一个误区：做自己擅长的事情才算做力所能及的事情。

我们要认识到，力所能及并不单单是做自己感兴趣的事情，或者自认为擅长的事情。因为如果你做不到从力所能及的事情做起，就不会知道自己能够做什么事情。就好比他之所以感觉自己对音乐感兴趣，是因为他面对音乐做了自己力所能及的事情。从对音乐一无所知到喜欢上它，他时刻都在做自己力所能及的事情——一个音符一个音符地学习，一遍又一遍地练习。在力所能及的行动中，他的能力才显现出来。如果没有这种力所能及的过程，我们根本不会知道自己能做什么。即便我们在某方面具有天赋，自己也不会知道。如果你认为力所能及是做自己感兴趣的事情和能力范围之内的事情，那你就在很大程度上放弃了自己，放弃了发现自己的机会。

大部分人做不到力所能及是因为根本不知道自己有什么能力。这才是我们要讨论的重点。很多人说自己没有这个条件、没有那个能力，这是真的吗？自身所蕴藏的力量远远不止我们对自己的想象。看完下面这个故事，你就会明白你到底有什么能力。

河北唐山有一位叫刘义的老人，已经80多岁了，是一名退休中学教师，儿孙满堂，生活无忧。为了助学助困，他几乎每天都会带上一把铁钳和一个编织袋，骑着一辆破旧的小三轮车走街串巷地拾荒，拾荒换来的钱全都捐给了急需救助的人。不能换钱的垃圾，他就清扫后放入街头的垃圾桶。他已经风雨无阻地坚持了23年，他捐出的每一分钱都凝聚着厚重的爱心。老人说："每弯一次腰，我就觉得能给困难的人多一份帮助。"23年里，老人先后资助了500多人。这些人主要是失学儿童、孤寡老人、生活困难的村民和残疾人等。他被人们称赞是"唐山白方礼"！

那么白方礼又是谁呢？他是河北省沧州市沧县白贾村人，2005年去世。他从1987年开始，连续十多年靠自己蹬三轮的收入帮助贫困的孩子实现上学梦，直到他将近90岁。他蹬三轮近20年，捐出善款35万元，帮助了300个贫困孩子。

现在我们来思考一下，我们比他们老吗？我们比他们穷吗？我们比他们没力气吗？我们比他们的条件还差吗？他们比我们更有能力去资助这些人吗？当然不是。但是他们能做到的，我们为什么做不到呢？所以，力所能及并没有我们所谓的能力和条件的限制，能力和条件更多的是一种内心的限制。生命本身就是一种能量，别人能绽放这种能量，我们为什么不能？因为我们心中满是限制，阻止了我们去做这些自己能够做到的事情。那么怎么样才算做到了力所能及呢？

我上中学的时候，在《读者》杂志上看到过一幅漫画。我非常喜欢它，就把它剪下来收藏在自己的笔记本里。但我觉得还是不够，于是就复印了很多份，贴在了我所有的笔记本上，以此作为勉励。

我之所以如此喜欢它，是因为它完美地体现了如何做到力所能及。这幅画上，有一个人想要荡秋千。他将一棵树的上下两根树枝用两根绳子连起来，然后他坐到下面的树枝上，一只手拿着锯子使劲地锯下面这根树枝。只要他把这根树枝从树上锯下来，他就可以荡秋千了。

这幅画告诉我们，当我们想要荡秋千的时候，先要从自己力所能及的事情做起——先找绳子，系在树上，再锯断下面的树枝。这样你就可以为自己做一个秋千，让自己实现荡秋千的想法了。而不是从你有这个想法的时候开始，等着谁能给你个秋千让你玩，也不是谁能帮你做个秋千让你玩，更不是因为没有绳子，就放弃荡秋千的想法。力所能及就是不要找任何借口，从自己力所能及的地方开始着手，实施自己的想法。

力所能及是当你有目标的时候，想要做一件事情的时候，或者迫不得已要做一件事情的时候，就从你眼前的事、手边的事、脚下的事开始行动。力所能及是从一点一滴开始，从尝试开始，无条件地去行动。我们一定要明白，在思想中想象自己有什么能力，你是想象不到的。你的能力是在行动中展现出来的，没有行动你就根本不会知道自己有什么能力。

2. 做不到力所能及是心存恐惧

读者小雅和男友冷战很长时间了，她对我说："我心情不好快一个月了，实在不知道该怎么办，再这样下去我就崩溃了。"

她和男友认识不久，两个人情投意合。但就在他们交往了两个多月时，矛盾出现了。男友刚开始创业，手头很紧，需要周转资金，犹豫再三终于鼓起勇气向小雅借钱。

小雅是外企的高级白领，经济状况还不错。但因为她有过被男朋友骗得身无分文的经历，这次她变得非常警惕。毕竟他们俩刚认识两个月，小雅找了个借口拒绝了男朋友的请求。

小雅感觉没有借钱给男友不是很合适，毕竟两人在谈恋爱。她知道男友会看她的博客，于是当天晚上就在博客中写了一篇日记，简单地描述了这件事的经过，以及没有借钱给他的原因。她的意图是通过这篇日记，向男友说明之所以没能借钱给他，是因为自己也有难处。

小雅没有想到，从那天起，男友就不再和她联系，而且也把她从QQ通信录中删除了。她一直在猜测男友不理她的原因，是自己没有借钱给他，让男友感觉自己不信任他，还是写博客会让他们共同的好朋友知道这件事，严重伤害了他的自尊呢？小雅认为自己没有错，所以她也没有主动找男友。就这样，已经一个月了，他们谁也没理谁。

我建议她不管是不是博客的原因，都要尽快删掉。她说："我现在删了，岂不是会让他认为，当时我是故意传上去的，现在终于达到我想要的目的了，所以我才把日记删了。我不删掉日记就证明我没意识到这篇日记会对他造成伤害。如果我现在删了，好像就证明了我是有意要做这件事，有意要伤害他。”

我说：“你只是在为自己的行为辩护，不愿意承担起你在这件事情中的责任。你在自己的世界里，把自己的行为解释得再天花乱坠，也没有意义。你现在不也在想有可能是博客中的日记伤到对方了吗？那你为什么不主动删掉它呢？这样做，你什么也不会失去，只会让对方感受到你的真诚和你愿意负起自己的责任。”

小雅终于决定删除那篇日记。

她接着说：“删除日记也不能真正挽回他啊，我还是很苦恼。”

我告诉她：“如果你想挽回对方，消除现在的苦恼，那你应该主动约他聊一下。把两人之间的误会直接说开了，彼此矜持下去没有任何意义。你一定期待他主动来找你，可是一个月过去了，你也没有如愿以偿地等到你想要的结果，不是吗？放下矜持的自我，主动去发现事情的真相，然后把它解决掉。只要是从你脑袋里想出来的，就会和事实有区别。你多等一天，痛苦就会多折磨你一天。”

小雅在我的鼓励下，主动约了男友，向男友说明了自己没有意识到那样做会伤害到他。其实男友也一直在期待她能给自己个台阶下，希望两个人能重归于好，他们由于各自的矜持烦恼了一个多月。

在小雅那些合理化解释的背后，躲藏着一个怕受伤的自我。她在说，我不能错，不是我的错，那样会证明我错了。不管我们的需求是渴望被接受还是被尊重，或者是被爱，这些都只发生在我们的大脑中。

就算我们努力地去想，想得天花乱坠，也没有走出自己的大脑。我们这样做只是在进行自我安慰、自我消耗，只是在维护自己的良好形象，只是在自娱自乐。如果我们把自己大量的能量，都消耗在维护一个虚幻的身份上，那么就无法发现事情的真相是什么。

当我们遇到让自己烦恼的事情时，应该马上做出行动，主动找寻答案，看清事实，任何期待都是自我欺骗。不要等到对事情的猜测开始在我们大脑中滋长蔓延时再采取行动，我们应该把它消灭在萌芽阶段。只有采取行动，我们才会知道真正的答案。那个矜持的自我，就像站在我们心门两旁的门神，他守在那里，别人进不来，我们自己也走不出去。他捆绑住我们的手脚，使我们举步维艰，让我们只能沉浸在烦恼和痛苦之中。当我们放下对别人的期待时，就是在放下自我，也是在成全自己。

人并没有那么脆弱，让我们脆弱的是心中的恐惧。让我们感到恐惧的大部分事物，都是自己主观臆造出来的还没有发生的事情。我们低估了自己作为一个生命的能动性，所以才产生了恐惧，而恐惧又让我们更加不能相信自己。其实，当我们看到事实真相时，心态反而会淡然很多。

我们大部分的不愉快，都源于过度关注自己的意见，而不是去寻求问题的解决方案。我们和别人的意见，都不是真实答案。真正的答案不在任何人那里，我们应该放下自己所坚持的自我，感受当下的一切。

美国前总统罗斯福有这样一句名言：“单纯坐而论道是完全于事

无补的，我们必须行动起来，而且必须迅速行动起来。”说得对！必须行动起来，不然，我们的人生昨天是什么样子，今天就还是什么样子，明天也依旧如此。

3. 力所能及是把“她”拦在当下

在前面的内容中，我们说到一个关于社交障碍的视频。男孩在车站遇到一个女孩，很想和她搭讪。从两个人的眼神交流中，男孩感觉到女孩没有回避自己的意思。女孩也渴望男孩能够主动上前和自己搭讪。但是男孩却忽然走开了。他们先后三次相遇，男孩都没有勇气上前和女孩搭讪。这是因为男孩在心中设想了被女孩拒绝的尴尬场面。

男孩自从有了要和女孩搭讪的想法，就在思想中不断地设想和女孩搭讪的各种负面可能。从多次与女孩相遇，到多次与她擦肩而过，男孩所做的一切都没有走出自己的大脑。他把自己渴望做的事情，直接省略在了大脑里。大脑的反应和假设，让他对眼前的漂亮女孩望而却步。

我们可以回想一下，遇到类似情景时自己是如何做的。是不是也很善于把那个与自己喜欢的帅哥（美女）搭讪的机会终结在脑袋里呢？

如果你是那个男孩，那么不管结果会怎样，与女孩相遇的那一刻，你都要主动和她打招呼，你要做的是把她拦在当下。面对你心中的真正需求，那一刻最有价值和意义的事情，就是去全然地感受自己所面对的事物。

一切都发生在当下这一刻。这一刻我们能做的很多，能感受的也很多。如果我们只是沉浸在自己的思想里，那么我们将什么也得不到。因为再多的思想反应都无济于事，那只会限制我们的行动，限制我们的感知。只要我们沉浸在一堆乱七八糟的思想反应中，就是在制造内心冲突。因为只要在思想里，就永远与现实有差距，结果就往往会超出我们的设想。事实证明，男孩的各种负面设想，只是他思想冒出的一个泡泡。

如果男孩停止思想反应，做出实际行动，那么最糟糕的结果，也不过是女孩不理他罢了。他会损失什么呢？如果真是这样的结果，那么当下那一刻的意义，就是让男孩看到了女孩的真实想法，以及自己的自作多情。男孩会认识到，刚才自己感觉到的女孩对他的好感，只是大脑自娱自乐的结果罢了。

我们只有全然感受当下的事物，用心体验生命每时每刻的真实，让自己和现实保持协调一致，才能知道真相是什么，才能摆脱自我思想的捉弄。

说了这么多，或许你已经明白了全然感受当下的重要性，或许你还在烦恼自己到底该怎么做。我只能这么说，当我们认定要做一件事情时，就钻进去认真做，能钻多深就钻多深；当我们喜欢一个女孩时，就去关爱她，直到把她娶回家，或者直到她被别人娶回家；当我们面对自己不喜欢的食物时，把它送到嘴里，酸甜苦辣让舌头告诉我们，而不是让思想告诉我们。

当下我们要做的最有价值和最有意义的事情，是把自己的思想拦在当下，把自己面对的对象拦在当下，让真实的感受告诉自己真相。这就是我们力所能及的事情。

神经学家研究发现，我们每一次新的尝试和体验，都会在大脑中留下痕迹。新的体验会让大脑神经细胞的枝杈中长出树突，新长出的树突让两个神经元连接在一起。如果大脑某些神经元经常受到重复刺激，就会形成稳定的连接，建立起新的神经网络。这使信息可以在神经网络之间快速传递。

德国康斯坦茨大学的神经学家，比较了小提琴演奏者的大脑与不从事音乐工作的普通人的大脑之间的区别。小提琴演奏者用左手四根指头按弦，右手拉弓。左手运动复杂程度明显高于右手。他们研究发现，与普通人相比，小提琴演奏者的右手大脑区域没有明显的区别，但是控制左手大脑区就不一样了。小提琴演奏者控制左手大脑区的面积要比普通人大 5 倍。这就证明人们在重复体验一件事情的时候，会让大脑发生根本上的改变。

如果没有尝试，你的大脑中就不会建立新的神经网络；没有重复的体验，你的大脑也不会变得不一样。你的人生呢，也不要妄想有什么不同。你力所能及的事就是感受这个世界，和这个世界发生关系。去感受、尝试，才能使你变得不一样。

4. 做不到力所能及是你在用老眼光看事情

林肯是美国历史上最伟大的总统。一次记者问林肯：“前两届总统曾想废除黑奴制，但都没有做到。那么您是如何做到的呢？”林肯说小时候的一段成长经历，给他带来了重要影响。

在林肯小时候，他的父亲在西雅图买下一个农场。因为农场中有许多大石头，耕作起来比较麻烦，所以父亲才能以低价买到。

母亲建议把那些大石头搬走，因为那些石头实在太影响耕作了。父亲说：“如果可以搬走的话，原来的主人就不会以那么低的价格卖给我们了。它们是一座座小山头，都与大山连着。”

有一年，林肯的父亲到城里买马，母亲带他们在农场劳动。母亲说：“让我们把这些碍事的东西搬走好吗？”于是大家开始挖那一块块的大石头，结果没花多长时间，就把它们全搬走了。它们并不是父亲想象中的小山头，而是一块块孤零零的石块，只要往下挖一点儿，就可以把它们晃动出来。

后来林肯说：“有些事情一些人之所以不去做，只是因为他们认为不可能。有许多不可能，只存在于人的想象中。”

我们之所以一直以来与很多事物无缘，是因为我们受过去感知经验的影响，将它们终结在了自己的大脑里。林肯的父亲受到过去感知经验的束缚，他认为如果这些石头与别的农场中的石头没什么两样，那么以前的主人早就把它们搬走了。就是这个简单的想法，导致他无法做出清除石头的行动。

林肯的母亲尝试搬动它们，在尝试中发现了这些石头的真相。而林肯父亲看到的，是他自己心中的石头，是过去感知经验中他对石头的记忆，而不是当下农场里的石头。我们对感情的认识也一样。感情不仅仅是我们所体验过的那样，下一段感情也许更激烈，也许更单纯，也许更狂热，也许更平淡。曾经那段感情的世界，并不是整个感情的世界。

哲学家赫拉克利特有一句名言："人不能两次走进同一条河流。"这句话的意思是，河里的水是不断流动的，你这次踏进这条河，水流走了，你下次踏进这条河时，流的又是新水，所以你不能两次踏进同一条河流。在这个世界上每棵草、每棵树、每块石头、每个人……都与众不同。如果我们活在过去对事物的感知经验中，那么就会失去太多机会去感受生命的多姿多彩。

我们对周围的人或事物的感知经验会在我们大脑中寄存。这会让我们觉得爱情不过如此，成功不过如此，舞台不过如此，跑车不过如此……感知经验为我们认识事物提供了捷径，使我们对事物的认知过程由繁变简，但是它也会干扰我们对事物做出全新的认识，使我们产生偏见，形成刻板印象。

我们的大脑对当下事物的认识只有两种途径——要么借助过去的感知经验，要么全然地感知当下。如果我们依赖通过感知经验，对当下事物进行认识和判断，那么感知经验就成了我们全然感受当下事物的限制。它限制我们全然地感受这个世界的不同层面，以及每时每刻发生的变化，使我们的生命失去生机和活力，让我们变得按部就班，一成不变。

活在感知经验中，我们的人生就成了无源之水。我们都知道成为一潭死水的结果是什么——从清澈变得浑浊，从浑浊变得恶臭，从恶臭到毫无生机，再到一片干涸。我们之所以要努力走出感知经验对我们的禁锢，就是为了全然地感受当下，直面现实的世界，发挥自己力所能及的作用。

5. 做不到力所能及，是你不了解自己想要的东西

追求成功、快乐的人生，是天经地义的事情，但是很多时候，我们并不是不成功和不快乐，而是压根就不了解我们执着追求的成功和快乐是什么样子，不了解自己穷追不舍的东西到底是什么。

在这里，我想先给大家讲一个小故事。在一场暴雨中，洪水淹没了一个村子。村子里的教堂也遭了殃，洪水没过了神父的膝盖。救生员驾着舢板来到教堂，对神父说："神父，赶快上来吧！不然洪水会把你淹死的！"神父坚决地说："你们不用管我！上帝会来救我的，先去救别人吧。"

没过一会儿，洪水就淹没了神父的胸口，神父努力爬上祭坛，继续祈祷上帝的到来。这时，有一个警察开着快艇过来，对神父说："神父，快上来吧，不然你真的会被淹死的！"神父说："不用管我，我

相信上帝一定会来救我的，你还是先去救别人吧。”

又过了一会儿，洪水把整个教堂淹没了，神父只好紧紧抓住教堂顶端的十字架。一架直升机缓缓飞过来，飞行员丢下绳梯后大叫：“神父，快上来，这是最后的机会了，我们可不愿意见到你被淹死！”神父还是意志坚定地说：“不用管我，上帝与我共在！”结果怎么着？可想而知，神父肯定被淹死了。这就是我们常说的“不作死就不会死”，对不对？

当然，这个小故事还没有结束。神父死后上了天堂，见到上帝后生气地问：“主啊，我终生奉献自己，兢兢业业地侍奉您，为什么您不肯救我呢？”上帝说：“我怎么不肯救你？第一次我派了舢板去救你，你不走；第二次，我又派一艘快艇去，你还是不走；第三次，我派了一架直升机去救你，结果你还是不愿意离开。所以我以为，你是急着想要回到我的身边。”

虽然这只是一个具有讽刺意味的小故事，却非常值得我们深思。我们在取笑神父的同时，是否意识到，我们中的大部分人和神父一样，都在盲目执着地追求一些自己根本不了解的东西。所以即便我们追求的东西摆在面前，我们也不认识，也抓不住。比如很多学生有书不好好念，很多白领有工作不好好干，很多人有亲朋好友不好好珍惜，很多人有大房子住还想要更多金钱……我们总是认为最幸福、最成功、最快乐的生活不在眼前，而是在未来。我们从不认为拥有的就是幸福的，拥有的就是自己想要的。我们根本就看不见有多少人连书都没有机会读，有多少人连份工作都没有，有多少人妻离子散没有一个完整的家庭，有多少人一家好几口挤在一间十几平方米的小屋里……

很多时候我们会认为：“我的幸福人生、成功人生不应该是这样的，我想要更多，我应该变得更好、更完美。”如果你认为眼前的生活不是你想要的，那么只能证明你追求的是一个幻象，你想要的人生根本就不存在。你追求的幻象只存在于自我的心中，而不在现实中。正因如此，神父才一次又一次地错过获救的机会。其实，神父早就迷失了自己，迷失在自己的幻象中。主对他来说只是个幻象，所以当别人向他伸出援手时他抓不住。同样地，我们把到手的幸福和快乐视作粪土，而去左顾右盼地等待，或者疯狂地追逐自认为的幸福。其实，那只是我们心中的一个幻象而已。

我们之所以做不到力所能及，同样是因为我们根本就不清楚自己追求的到底是什么。这就导致摆在我们面前的实实在在的生活我们抓不住，不愿意对眼前的生活付诸行动。因为我们认为自己想要的东西在未来，是想象中的那样。这样就导致我们不能从眼前做起，从身边开始。

6. 力所能及，从相信自己开始

很多人虽然知道要从力所能及的事情开始做，但就是怎么也做不到。人们做不到力所能及的根本原因是不相信自己。

我一直在强调，我们一定要相信自己。这是因为当你不相信自己的时候，会产生严重的后果——你的大脑会变得迟钝，让你失去行动力。即便你很想去做一件什么事情，大脑也会不听你的使唤。结果是你想行动也行动不了，只好把很多自己想做的事情都省略在大脑中，甚至是连同自己的人生也一起省略。

意大利帕多瓦大学的心理学家团队做过一个实验，他们要求 30 名参与者阅读弗朗西斯·克里克写的《惊人的假说》这本书。参与者中的半数阅读了没有涉及自由意志的篇章。也就是说，他们所阅读的内容，没有涉及人是否有自由意志这方面的内容。而其余的参与者阅读的篇章里，认为人是没有自由意志的。所有的参与者均与可显示脑电图的机器相连，以监测他们大脑“准备电位”的活动情况。

接着，参与者们需要在电脑屏幕上出现闪烁光标时按下鼠标键。光标出现后会持续闪动几秒。那些阅读了认为自由意志不存在的内容的参与者，他们的准备电位要低得多，他们的行动似乎更难以自主控制。也就是说，当人们读到认为自由意志不存在的文章时，他们大脑中与自愿行为相关的区域活跃度会立即降低。研究者认为，如果人们被灌输了自由意志不存在的想法，他们的大脑可能会变得更加迟缓。而对自由意志的信仰能够在最基本的层面上改变大脑的活动，也就是相信人是自由的这样的想法会改变大脑的活动。这是什么意思呢？也就是说，如果你认为自己是不自由的，那么你的大脑就变得迟钝，你的行动力就会降低。不相信自己是自由的，会让人变得不善于行动，没有行动力。

我曾经的一个同事，在大家眼中是个头脑简单的人，也就是说他的脑子不是那么灵光，不是很聪明。当时大家都认为他将来不会有什么发展，可是10年后，他居然身家上亿。回头看看他这10年，他总是想做什么就做什么，而且是谁也拦不住。他想辞职做生意，就辞了，想买房就买了，想投资就投了。这样一个头脑简单、四肢发达的人，这样一个在大家眼中不可能有未来的人，为什么能在10年间创造了上亿资产呢？

后来我总结，他之所以能有今天的成绩，最根本的原因就是他看事情很简单，从不想太多，无论遇上什么困难，他都认为很简单。这样的心态，使他总是在做自己力所能及的事情。结果是他总是能够把看似很大的困难，像蚂蚁搬家似的一点点地解决掉。另外，把事情看得简单了，他关注的都是自己能够做到的范围，想得就会少。而想得少了，就避免了把事情想得复杂和困难，所以他很少怀疑自己和事情。

人想得太多，最容易产生的就是怀疑，怀疑自己做不到，怀疑事情不简单。我们一旦开始怀疑，就会认为自己无法掌控局面。当面对不确定的局面时，我们就会启动自我保护意识。而不去行动，就成了我们采取的首要策略。因为不做就不会错，不做就不会失败。所以，不行动就是对自己最好的保护。也就是说，我们不相信自己，就会变得不善于行动。这就像前面的实验中说到的那样，当我们认为自己不自由时，我们会变得没有行动力，这是同一个道理。

对于大多数自认为聪明的人来说，做一件事情之前，如果不想透了，不确定能不能成功，是绝对不会出手的。其实很多时候这种聪明人是不相信自己的，聪明使得他们总是会想太多。而想得太多，就会让他们预设很多问题来限制自己。从表面来看，他们是很相信自己的，其实是不自信。不相信自己，就会培养出一个懒惰的大脑。等你真的想去做事情的时候，大脑也会习惯性地想太多，即便你很想做，你也得不到懒惰大脑的授权，你也无法战胜你的大脑，结果是大脑帮你把一切都省略在了大脑之中。所以，你既不能创造，也不能成功。大部分聪明人都是没有行动力的人。因此，他们不能像我的那个同事那样，10 年间创造出上亿元资产。

我们一定要明白，一个人善于行动，是因为他打造了一个善于行动的大脑。也可以说，他有一个善于成功的大脑。一个人善于行动，是因为他很少怀疑自己，很少怀疑自己无法面对，很少怀疑自己走投无路。因此，他的大脑才没有限制他的行动，他才能走得更远。其实，真正能成功的人，都是“头脑简单、四肢发达的人”。也许过去你认为这句话带有讽刺意味，但现在，它的确是一个成功的人的重要特征。

7. 相信自己是一种行动

大部分人活不出自己的一个重要原因，是不知道该如何相信自己。人们认为相信自己是一种方法，认为只要遵循一个模式就算相信自己。其实我们又步入了自我的误区——相信自己有一种模式可以遵循。

相信自己是一种行动，是我们适应现实的一种能力。而心中的恐惧让我们忽视了自身的这种能力，让我们失去了自信。是否相信自己，决定了我们能走多远，决定了我们人生的舞台能有多大。那么，我们该如何相信自己呢？接下来，我们借助《当幸福来敲门》这部非常励志的电影来说明这个问题。这部电影充分展现了男主角克里斯是如何相信自己，如何把自己带出人生困境的。

克里斯投资购买了一批骨密度扫描仪向医疗机构推销，当时这种医疗器械对很多医疗机构来说非常昂贵，所以推销起来有一定的难度，家里积压了一大堆的产品卖不出去。他投资失败，妻子不停地抱怨，儿子的托管费也没有着落，房租和各种账单压得他透不过气来。他继续尽心尽力地推销着自己的产品，直到一次偶然机会的出现，让他有了新的人生目标。在一栋高档写字楼前，他看见一个年轻人从一辆高级跑车里走出来。他走上去和这个年轻人打招呼，问他是做什么的，怎么做到的。年轻人说自己是股票经纪人，这份工作做起来很简单。

从那以后，他决定成为一名股票经纪人。当他将这个想法告诉妻子的时候，却遭到了妻子的强烈反对。妻子说，还是老老实实地卖你的扫描仪吧，下个月的房租还没有着落呢。

他并没有理会妻子的反对，仍然参加了面试，并被公司录取成为一名实习生。被录取以后，他才知道实习期间没有薪水，也不能确保一定被录用。实习结束后，公司会对 20 名实习者进行考核，并最终只录用他们其中的一个人。而且更加苛刻的是，公司规定如果实习者不被录用，6个月的培训内容甚至不能用于其他的经纪公司。这意味着接下来的半年时间里，他只能靠推销剩下的6台骨密度扫描仪来维持生活。如果能够顺利卖掉全部扫描仪，他也许还可以熬过去。这对他来说是个难以做出的选择，但是克里斯还是下决心要试一下。

在窘迫的环境下维持生活，的确是件非常艰辛的事。妻子最终离开了克里斯，他也因为交不起房租，带着儿子搬进了汽车旅馆。克里斯开始了一边四处推销扫描仪，一边参加经纪公司培训的忙碌生活。生活的不幸并没有从此打住，克里斯的噩梦才刚刚开始。政府催着他缴税，如果不缴税，政府就会强行从他的账户拿走他的钱。祸不单行，汽车旅馆老板催要房钱，并把他赶出了旅馆。他不知道自己和儿子该去哪里，只好趁地铁快要关门的时候躲进了地铁的厕所。他任由清洁工人在厕所外疯狂地敲门，也没有打开厕所的门。就这样，他和儿子在厕所里席地熬过了一晚。可是接下来，他们能投宿哪里呢？第二天，他们找到了福利院，但那里只收孩子和妇女。克里斯不愿和儿子分开，管理员建议他们到一个教堂去碰碰运气，还好他们终于解决了当晚睡觉的问题。就这样他们每天都得早早去排队，但偶尔还是排不上床位，只能露宿街头。他虽然居无定所，但一直都在坚持自己的目标。每天等儿子睡下以后，他就抓紧时间看培训资料。

最终，他如愿以偿，成了20个人中唯一被录用的那个人。克里斯相信自己，并且一直在为自己的目标竭尽全力，所以他获得了成功。如果你现在还活得平庸，那是因为你不相信自己会把自己带向幸福。

这部电影的情节不是编剧虚构出来的，而是根据美国百万富翁克里斯·加德纳本人的真实经历改编而成的，是真实的人生故事。

相信自己，不是停留在思想中盲目的乐观和自信，不是相信一定能得到什么好的结果，也不是在事情发生之前想象出恐怖的结局吓唬自己。相信自己不是在大脑中完成的，而是体现在现实中的。克里斯相信自己，不是相信一定可以赶上末班车，一定可以排到教堂的床位，而是可以通过自己的行动去争取赶上末班车，争取早点赶到教堂，争取排在队伍的最前面。相信自己是即便排不上教堂的床位，也不让自己和儿子露宿街头，也要努力找到一个藏身的地方，让自己和儿子平安地度过黑夜。

相信自己，是认定一个目标就要不顾一切地走下去。相信自己，不是让自己无路可走，而是无论身陷什么样的泥潭，都能把自己带出来，让自己活下去，走向光明，让自己离目标更近一些。相信自己是从心里明白，我们都不会让自己自取灭亡，因为我们从来也没有让自己那样做。

相信自己就是不放弃自己。不相信自己的人，总是在开始做事情之前，就想如果到时候交不上房租怎么办？如果没有住的地方怎么办？如果不被录取怎么办？不相信自己的人总是在目标设定之后，在事情发生之前，就给了自己放弃的理由和借口，并且美其名曰，这是明智之举。我们心中的任何顾虑，都是在为自己制造烦恼，都是在让自己放弃目标。不相信自己的人会把自己的目标终结在大脑中，让自己放弃各种可能。

相信自己不是一个想法，不是一份鼓励，而是一种行动，只有行动了它才存在。力所能及不能谈论，没有方法，不挂在嘴边，也不在心头。它发生在迈开脚步，伸出双手的一瞬间。在你迈开步子的那个瞬间，路就向前延展了。路是因为你的前行而出现在你脚下的，而不是路在那里等着你去走。不迈开步子，脚下就不会有路。不相信自己的人，就是因为迈不开向前的脚步，所以才无路可走。

相信自己是我们可以为自己做一切事情，为自己走出一条路。相信自己，是我们每个人在人生道路上必须要完成的一次蜕变。没有这次蜕变，你的人生注定平庸，你的人生注定不会绽放。

第十一章 真正进步——发现每一刻产生的价值

CHAPTER 11

1. 我们能做的就是去犯错

人们一切不去行动的最根本原因，就是害怕失败。人们在大脑中根深蒂固地认为，犯错是很丢人的事情，而且犯错是对我们整个人的否定。因此，我们习惯把犯错当作一件不能和自己扯上任何关系的事情。以致一直以来，我们也没有学会正面认识错误。我们学会的是逃避它。如果不解决失败的问题，人是很难积极主动地做出行动和尝试的。要想做一个成功的人，我们确实应该花些时间，来深入认识一下犯错这个问题。

我在《成瘾》这本书中提到一个概念叫作时序差分。它指的是从某一个时间段到下一个时间段所发生的价值变化。也就是在一次使你离成功更近的行动之后，价值提升了。价值的提升是由这次行动产生的。人们现在所处的情形比自己之前的情形具有更高的价值。这是人们走向成功和奖赏的必经之路。这就像人们每向目标迈进一步，当下迈出的这一步价值就更高，因为人们离成功更近了一步。人们通过学习知道了什么是有价值的，什么是没有价值的，但是怎么获得有价值的东西呢？时序差分就是获得的路径。

这就好比你认为自己胖，渴望苗条的身材。你知道苗条的身材是健康的、是有价值的，但是怎么去实现它呢？这时就用到了时序差分算法。当你看到一个关于减肥药的广告时，广告宣传中的各种诉求让你预测到，这个减肥药可以让自己变得身材苗条。这时你的大脑会分泌大量的多巴胺，鼓励你做出选择。可当你买到产品用了几天后，你发现没有丝毫作用。这时你会感觉这是一次非常失败的选择。但是，这次失败并不是一个没有用的信息，而是在告诉你应该选择其他的方案。这次失败让你在减肥的道路上排除了一个错误的方案，意味着你离正确的方案更近了一步。排除了错误方案以后，接下来你会重新尝试其他减肥产品，比如其他的药物、其他的减肥方式等。总之，经历过错误以后，我们会认为，当下的行动会比之前的更有价值。

生活中人们追求目标始终都遵循“错、错、错……对”的模式和过程，每实现一个目标都需要经历一连串的错误。人们的大脑就是这样设计的。比如你想拿到桌子上的杯子，从你有了这样一个想法之后，接下来的就是一连串预测。在你的手稳稳地、准确地拿到杯子之前，你的大脑发出了上百万条的预测信息。从你伸手的那一刻开始大脑就在预测：向前一点，再向前一点，向左一点，向右一点，向下一点，手指再张开一点，握得再紧一点，哦过了，再轻一点……最终，OK，拿到。接下来你不可能一个姿势拿着它不动。你会有另一个想法，喝一口杯中的酒，再来一口等。大脑每发出一个预测的指令，紧接着就有一个行动产生。如果没有达到目的，大脑就会根据实际的结果做出解释，解释为什么没有触及结果，比如偏右了，偏下了等。然后根据解释的结果，大脑又做出了新的预测指令，于是，又一个行动产生了。可以说想法不断，预测不断，失败不断。也可以说每实现一个目标，完成一个动作，都要经历无数次的失败。失败时时刻刻都伴随在我们身边，但我们却不能容忍它的存在。这意味着什么呢？

美国心理学家桑代克在 19 世纪末 20 世纪初做过大量的动物实验。有一个实验是这样的：他将一只饥饿的猫放在装有特殊开关的笼子里，并在外面放了猫喜欢吃的食物。猫看到食物后，就在笼子里开始乱撞乱跑，试图打开笼门，吃到笼子外面的食物。在不断的尝试中，它偶然触动了笼门的开关，从而吃到了食物。在后来的反复实验中，猫纷乱的动作，随着尝试次数的增多而逐渐减少了。最后，猫一进笼子就去触动开关，一下子就得到了食物。桑代克认为，动物学习的过程是一个不断尝试、不断犯错，最后获得成功的渐进的过程。

然后，他提出了著名的尝试错误学说。他认为：学习是一种盲目的、渐进的尝试与改正错误的过程。随着练习的增多，错误的反应逐渐减少，正确的反应得以产生，于是在刺激与反应之间，形成了一种稳固的连接。

人的学习与动物的学习，在本质上是一样的，只是复杂的程度不同。因此以上观点也适用于人类的学习。由于学习的尝试是没有指导的尝试，大部分人都无法在第一次尝试中获得成功。因此，人的学习过程必然是一个尝试、犯错、再尝试、再犯错的过程。只有经过大量的错误，才能获得成功的结果。

也可以说，生活中我们能够做到的任何事情，都是在不断地尝试和犯错中完成的。要不然我们什么也做不到。你没有尝试就没有失败，没有失败就没有学习，没有学习就没有成长，没有成长哪来的成功呢？失败和犯错对我们的生存起着决定性的作用。而我们却对这样一种有益的行为表现出一种强烈的负面态度。

2. 让自己具备成功人士的潜质

我来问大家一个小问题：你有多长时间没有体验过失败的感觉了呢？有一句话是这样的："若是你在一年中，不曾有失败的记载，你就未曾勇于尝试各种应该把握的机会。"没有挫败就意味着你没有做新的尝试，你始终停留在原地。

据说在宝洁公司有这样一个规定：员工如果三个月没有犯错误，就会被视为不合格员工。对此，宝洁公司全球董事长白波先生的解释是：那说明他什么也没干。

微软作为一个世界500强企业，一直有着良好的发展势头。这与比尔·盖茨理性地看待失败有很大的关系。盖茨常常雇佣那些在其他公司有失败经验的人，借用他们的经验避免重蹈覆辙。比尔·盖茨最欣赏的人是福特汽车的创始人福特和通用汽车创始人斯隆。盖茨办公室中有一张福特的照片，这张照片有两个作用，一方面是激励自己，因为福特创造出既便宜又好用的交通工具，创造出汽车世纪。摆放福特的照片是表示对他普及汽车全民化的崇敬。另一方面是警醒自己，原因是福特不肯在自己的汽车上安装新的机械系统，20年后，福特的霸主地位被后起的通用取代。摆放福特的照片也是对他的失败的一种反思。可以说，正因为比尔·盖茨不断地接受失败带来的成长，所以才有了微软的良好势头。

美国管理学家彼得·德鲁克认为，无论是谁，做什么工作，都是在尝试错误中学会的。经历的错误越多，人越能进步，这是因为他能从中学到更多经验。德鲁克甚至认为，没有犯过错误的人绝不能委以重任。日本企业家本田先生也说过："很多人都梦想成功。可是我认为，只有经过反复的失败和反思，才会达到成功。实际上，成功只代表你努力的1%，它只能是另外99%的被称为失败的东西的结晶。"

英国作家、诺贝尔文学奖获得者吉普林说过：“如果不明白失败是什么，那么对成功的理解也是片面的。”失败只是成功的路。怎样对待“失败”是企业成长过程中回避不了的问题。记住，如果你不经历失败，那么成功和你是没有关系的。所以，当我们感到挫败的时候，就等于走在通向成功的路上，没有人能躲过失败直接走向成功。所以，敢于犯错，敢于直面失败的人才具有成功的潜质。你有这样的潜质吗？只有你自己知道。

3. 真正的错误，是害怕犯错

无论我们在这里如何讨论失败，恐怕都无法让人们摆脱对失败的恐惧。它无时无刻不萦绕在我们的心中。那么我们该如何去面对失败，摆脱对失败的恐惧呢？

我们必须明白一件事情，什么才是真正的犯错？那就是害怕犯错。不怕犯错的人，错误往往离他更远。我们前面说过，每一次错误都是有价值的，如果你敢于犯错，而且还能发现每次错误的价值，那你将会创造巨大的财富。

美国有家钻石公司，成立之初想开采钻石，由于地质勘探犯了一个错误，没找到钻石，却发现了世界上最大的镍矿；李维斯·劳特起初想通过开采金矿发财，结果碰了壁，虽然他没有挖到金矿，却发现了一个新的商机，就是用帆布缝制矿工穿的裤子。现在李维斯牌的牛仔裤已风靡全球；如果爱迪生没有经过 1600 多次的错误尝试，也不会发明出给全世界带来光明的电灯泡；哥伦布如果不是为了寻找遍地黄金的东方国度，就不会发现美洲大陆。从他们出发的角度来看，他们都失败了，但他们的错误同样是有价值的，为他们创造了无穷的财富。所以错误哪有那么可怕，它是有价值的。可怕的是你害怕犯错，因为害怕犯错会让你不敢尝试，不敢向前。在我们的观念中，只要不做就不会出错。但事实上，你越害怕犯错，越想远离错误，成功就越是与你无缘。

所谓的失败只会揪着那些害怕失败的人不放。前面讲到林肯家农场中有一块大石头，这块石头碰断了父亲好几把犁头，还弄坏过他耕地的机器。父亲拿这块大石头毫无办法。这块大石头成了他挥之不去的心病。后来，母亲趁父亲到城里买马，带着林肯和孩子们去挖这块大石头。结果一挖才发现，那块石头埋得并不深。他们很容易地就把它清理掉了。

这个故事很好地诠释了一个法则，那就是阿什法则。这个法则是由美国企业家阿什提出来的。阿什法则是指：承认问题是解决问题的第一步，你越是躲着问题，问题就越会揪着你不放。就像林肯的父亲，他感觉那块石头很大，自己拿它根本没办法，所以老是躲着它。结果是这块石头总是弄坏他的工具。当林肯的母亲直接去面对那块石头的时候，才发现其实石头并没有自己想象的那么大、那么难处理。

对于失误和困难来说，正确地面对它，才是我们解决问题的办法。有许多人惧怕承担个人责任，不愿注意吸取教训，导致同样的问题总是会反复出现。这就是因为你越是怕它，它就越会揪着你不放。

每个想要有所作为的人，都必须具备面对失败时坦然自如的积极态度。任何躲避失败的行为都会让一个人很难有所作为。容忍失败，这是人们可以学习并加以运用的极为积极的方法。

杰克·韦尔奇年轻的时候，在美国通用电气公司独立负责一项新塑料的研究项目。正当他准备大干一场的时候，不幸的事情发生了：实验用的研究设备突然爆炸，3000 多万美元的实验设备连同厂房全被烧光了。面对爆炸后一片狼藉的现场，他非常沮丧，他想这下自己的前途恐怕也被这场大火给烧没了。他忐忑不安地接受了通用总部派来调查事故的高级官员的谈话。没想到的是，这位高级官员问的第一句话是："我们从中得到了什么没有？"他先是一惊，然后回答："我们这个试验行不通。"调查官员说："这就好。可怕的是我们什么也没有得到。"一场惊天动地的重大事故就这样平息了。而敢于面对失败的杰克·韦尔奇日后带领通用电气公司，实现了 20 年高速增长，并被誉为世界第一 CEO（首席执行官）。

坦然面对失败、容忍失败，促成了杰克·韦尔奇后来人生道路的成功。失败，无论是对于一个人，还是一个企业来说，道理都是如此。美国一些大企业，曾将不怕失败作为"企业家精神"的重要内涵来讨论。他们认为，为了探索一些新的方式以提高效益，应当允许失误和失败。所以，一些成功的企业家，从来不用"失败"这个词。在他们看来，这正如滑雪、溜冰一样，摔倒了爬起来，从中你又学到了一点经验，继续再来。成功的人之所以成功，是因为他们不被失败左右罢了。

4. 失去和痛苦同样是生命的礼物

失败是人们走向成功的必经之路。同样地，失去也不一定就是绝对的坏事，它也是促使人们成长的方式。

我小时候，每年春天都能看到舅舅在自家的果园里为每一棵果树修剪树枝。当时我很不解，心想这样不会把果树剪死吗？我实在不忍心看着这些好不容易长出来的嫩枝被剪掉，就问舅舅："为什么要剪掉这些树枝啊？"

舅舅告诉我："如果不剪掉这些树枝，苹果树虽然能结更多苹果，但是苹果既不大，也不甜。相反，剪掉多余的树枝后，不但结出的苹果又大又甜，而且还可以延长果树结果的年限。如果任其野蛮生长的话，三五年后，有些树枝就慢慢开始坏死。过不了几年，整棵苹果树就会死掉。"

舅舅的话让我意识到，失去也是一种成长。很多时候失去能够促进我们更好地成长，能够帮我们获得更有品质的生活。

其实，有时候我们身体上的残缺，并不一定是坏事。

一位内科医生在多年的临床实践中，发现了一连串奇怪的现象。心瓣堵塞患者的心脏会奇迹般地增大，好像是在努力应对心脏的缺陷。肾病患者若摘去了一个肾脏，那么另一个肾的生命力往往会变得十分强大。

另外，摘除一只眼睛或是切除一侧的肺，结果都是另一侧的器官会变得更有生命力。我们的心理和身体一样，也具备这样的功能。

在我们的人生中，有一种礼物是大部分人都会收到的，那就是失恋。

我们认为失恋是被抛弃、被欺骗、被否定。失恋严重影响了我们对美好爱情的憧憬，让我们不敢再去相信别人。我们失恋的伤口，甚至一辈子都会隐隐作痛，怎么能说失恋也是礼物呢？

其实失恋最重要的作用是要让我们认识自己，同时也认识别人。没有经历过失恋，我们也许不知道该怎样去爱一个人；没有经历过失恋，我们也许不会找到自己真正爱的人；没有经历过失恋，我们不会知道失去意味着什么，更不知道该如何珍惜。

我们看到的失恋是用背叛、否定、抛弃、欺骗等一层层包裹起来，然后用伤心打了个凄美的蝴蝶结送到我们身边的痛苦。我们看到的只是伤心，只是失恋的外包装。当我们把这个礼物的包装一层一层打开后，就会看到自己的责任和不足，最后是用坚强包裹的成长。

一个朋友出了车祸，左腿骨折，住进了医院。我们几个朋友一起去看望他，我们见他虽然脸色有点憔悴，但是精神非常好。他的话语中透着一种少有的欣喜，好像中了彩票一样，我们根本看不出他是刚刚经历过车祸的人。

他告诉我们，事故发生的一瞬间，他大脑中闪现的想法是，难道我的人生就这样完了？他想到自己还有太多事情没有做，如果死不了，一定要去做一直以来想做却没有勇气去做的事情。而且要珍惜与亲人在一起的时间，对父母好点儿，对妻子和儿子好点儿。总之，要毫不犹豫去做自己想做和应该做的事情。

这次让他死里逃生的车祸是生命给予他的提升人生品质的机会，让他可以用全新的眼光看待自己的人生。虽然以后他的腿会不太方便，但比起让生命停在车祸那一刻来说，这点痛苦是微不足道的。如果经过这次车祸，他对自己的人生没有新的认识，那么身体的伤痛就会成为他生活中很大的困扰。或许他会纵容自己继续开快车，继续以过去的方式生活。这样车祸就难免会再次降临在他头上，而下次他不一定会有这次的幸运。

我们越是能直面人生的挫折和痛苦，就越能快速地找到解决方法。这样会使我们的内心获得更多自由和更强大的力量。只有直面生命中的痛苦，我们才会真正成为自己的主人。其实每一次痛苦都有“成长”作为出口，都意味着一个新的开始。我们之所以痛苦，是因为我们拒绝成长。

我们之所以活得浑浑噩噩、不明不白、没有意义，是因为我们不曾失去——不曾失去爱情，不曾失去健康，不曾失去金钱，不曾失去食物，或者曾经失去却没有明白其中的意义。当我们真正明白失去意味着什么的时候，我们才得到了成长，学会了如何过高品质的生活。

问问自己，遇到挫折和痛苦时，自己都做了什么，自己是不是个有心人。多年来，我通过与很多网友的接触，发现很多人不能做出改变，不能获得成长，最根本的原因是不曾失去，没有感受过强烈的痛苦。所以很多时候，一个人要想真正成长，就要从失去和痛苦中获得体验。

一个人过不了失去、失败、犯错这一关，是不会有太大的发展空间的，这是事实。

第十二章 不予回应——就会变得不一样

CHAPTER 12

1. 停止自编自导的独角戏

人们的大脑是个模式化的机器，它只会模式化地反应，而没有学会其他的更具创造性的运作模式。所以，要想活出自己，就要终止大脑模式化地反应。

一次，我们几个好友在酒吧聊天，其中一个朋友告诉老婆 12 点以前回家，结果喝得太尽兴，一转眼就到了深夜两点多。

他忽然想起了答应老婆的话，便匆匆赶回家了。他到了家门口，按了半天门铃也没人开门，打家里的电话也没有人接。

他急坏了。他可是一直都很听老婆的话的，结婚 7 年来很少这么晚回家，他想老婆一定是生气了。

他哭着给老婆发短信："老婆，我错了，原谅我啊，我向你道歉。""老婆，我以后全听你的，晚上你让我几点回来我就几点回来，给我开门吧……"结果老婆还是没来开门，也没有反应。他想这下完了，看来是真的生气了。

他在门口折腾到快天亮了，老婆才来开门。老婆看见他狼狈地蹲在门前，问他："你这是怎么了？几点回来的啊？我当你不回来了呢，所以就先睡觉了。"

人们在当下得到一些细微的线索，大脑就会按照自己的理解开始编故事。这个朋友在还没有得到妻子对自己晚回家的明确态度时，就根据过去夫妻的一些相处经验，开始戏剧化地设想对方的意图和行为，最终弄得自己狼狈不堪。这个时候，我们一定想象不到自己的思想正在偷着乐呢。它得意自己只是冒了几个泡泡，就对我们产生了如此大的影响。

从这件事情中我们不难看出，从痛苦和烦恼开始的那一刻起，事情就已经成了我们自己连续的独角戏。我们用自己的思想编写可以折磨自己的情节，为自己塑造一个无辜、可怜、悲惨的形象。既然是痛苦和烦恼，那么我们为什么还要继续下去呢？为什么不能终止它呢？其实痛苦和烦恼同样在满足着我们的某种自我需求。

给我们制造了困境的思想，不像给我们制造痛苦的外在事物那样容易被发现。例如，我们被针扎到的时候，我们知道是针给我们带来了疼的感觉，但是我们却看不到给我们制造了困境的思想。于是我们把相关联的事物当作困境的根源。因此，我们在痛苦的时候，总是希望自己能够改变外在事物，而不是去看清自己内在发生了什么变化。

从今天起，我们就要做到“不见棺材不落泪，不撞南墙不回头”，拒绝被思想带着东跑西颠，让大脑停止对事件无休止地戏剧化。我们要勒紧思想的缰绳，看清当下的事实，拒绝思想给我们制造的困境，避免自我折磨的无谓痛苦。

2. 看比看见更重要

人是活在自我情感之中的。很多时候我们说自己看见了，看懂了，看明白了，只是看见了自我，看到了模式，把事情放进了模式中，并不是真的看懂了事物本身。其实，大部分人都只会用知识和经验去看，而不会用智慧去看。

网上有一段达人秀的视频深深地触动了我。上场的是一个女孩，她先在画板上快速地勾勒出一个白发评委的头像，接下来就开始乱画一通。上半部分还能看得出是什么，可是越往下画，就越让人看不明白了。看上去就好像是小朋友在玩涂鸦。这时台下的 4 个评委中，已经有两个灭了她的灯，而且其中一个女评委还表现出很不屑的样子。她一定是感觉这个女孩把那个白发评委画得那么丑，是在恶搞评委。

最后一个灭灯的是那个被画的白发评委。4 个评委的灯都灭了，这时女孩的画也画得差不多了。她把画板倒了过来，然后在上面撒了一把白色粉末。大家顿时惊呆了，画板上出现了另外一个大胡子评委的画像。评委们都傻了眼，原来是这么一回事。女孩委屈地流下了眼泪。

看完这段视频，很多网友都指责那些评委，认为他们太自以为是。其实，我们之所以有这样的愤愤不平，很大程度上是因为我们普遍高估了那些评委，认为他们是专家、是权威，就应该视野更开阔，而不应该妄下定论。也就是说，我们对专家、权威这个形象赋予了一些情感，认为他们什么都懂，看什么都很专业。实际上，大部分专家只是在某个领域积累的知识比你多罢了，而这并不等于他们真的有智慧。知识不等于智慧，拥有知识并不等于我们能看懂这个世界，会看这个世界。只有智慧才能让我们看懂这个世界。

那么，当我们用知识、经验去看这个世界的时候，我们看到了什么呢？我们看到的是自我，是模式，而不是事实本身。

在视频中，那些评委之所以纷纷灭灯，是因为他们认为自己认出了这个女孩在画什么，知道她的行为代表着什么。他们看到女孩在画板上乱画一通，认为她这不是在画画，因为她画得实在太难看了。在他们的经验中，难看就不叫艺术，这就是他们认出的东西。这是什么呢？是他们的经验和知识。

我们活在自我情感的程式中，我们看事物的时候，不是真正在看事物本身，而是在看大脑中储存的经验和知识。如果我们从经验和知识中发现了类似的东西，我们就会有一种窃喜感。我们会自认为“这个我认识，这个我知道，这个我明白，这个我懂”。比如评委们看到女孩乱画一通，就认为她画得这么烂，这不叫艺术，不叫会画画，认为她是在胡来、在恶搞。喜感是我们认出一种事物时，心中产生的一种隐隐的确定和沾沾自喜的感觉。

自我情感模式中的一个重要环节是设想。当我们认出一件事物后，接下来会发生什么呢？我们会开始围绕认出的东西展开设想。

当评委认为她是在乱画胡搞时，评委会开始设想女孩是在恶搞，是在挑战他们的耐心和智商，是对他们的一种不尊重，所以纷纷灭了她的灯。他们真的知道女孩在做什么吗？他们只是认出了自我的狭隘和局限，事实也证明了这一点。不单是这些评委，我们每个人都在这样看世界，看别人。所以才会出现这样的尴尬局面。我们之所以无法发现新鲜事物，就是因为我们活在自我情感的模式中，总是试图获得自我想要的窃喜感。

那么怎么做才是真的看，才是会看呢？那就是只去看，只发生看的行动，而不试图去定义和评价它。因为我们一旦试图这样做，自我就会介入。自我介入后，我们看事情的目的就会发生改变，我们为的就不再是事物本身，而是自我想要的感觉，比如窃喜感、掌控感等。这个时候，我们便看不见事实，只看见自我。

自我就是知识的积累，用知识去看就是局限，用智慧去看才会有发现和创造。如果没有智慧，知识积累得再多，也会成为我们的局限。只有拥有智慧，我们才能无局限地运用知识。

3. 不予理睬比还击更有力量

人类的问题，其实就是我们每个人的问题。我们都活在自我的世界里，都在不断地制造冲突。虽然我们很善于制造冲突，却不知道该如何化解它。所以我们才生活在了人与人之间的斗争及自我斗争之中。这种存在状态正是很多人活得痛苦和辛劳的根本原因。

《更好的世界》是一部很优秀的电影，它荣获了第 83 届奥斯卡最佳外语片奖。影片中男主角安东是一个医生，常年工作在苏丹的难民营，他与分居的妻子轮流照看两个儿子。一次，安东带着两个儿子及大儿子伊莱亚斯的小伙伴克里斯蒂安外出游玩。小儿子因为和一个小男孩抢秋千打了起来。安东跑过去劝架的时候，被小男孩的父亲不分青红皂白地连续扇了好几个耳光。但是安东没有还击，也没有报警，他直接带着孩子们离开了。他告诉孩子们这件事情到此为止，不要再提了。这让孩子们不能理解。

后来，伊莱亚斯和克里斯蒂安找到了打父亲的那个人的地址，伊莱亚斯希望父亲能去找他算账。安东感觉儿子一直没有放下这件事情，感觉需要让儿子真正明白一些问题才行。他犹豫再三，决定带着孩子们去找那个人，他希望对方能给孩子们道个歉。结果，没有想到的事情发生了，那个人又上来打了安东几个耳光，安东还是像上次那样依旧没有还手。安东告诉儿子："你看到了，他就这点本事，他控制不了自己的情绪。"

虽然安东再次被打，但他还是希望这件事情就此打住。可是克里斯蒂安一心想要报复，于是他怂恿伊莱亚斯展开了报复计划，他们决定炸掉那个人的车。意想不到的事情发生了，在炸药点着的一瞬间，有人从车边路过，伊莱亚斯为了救人把自己给炸伤了。

克里斯蒂安认为伊莱亚斯死了，非常自责，差一点就自杀了。这一连串的事件让大家很受伤。如果孩子们能够像安东一样，在自己被打后就终止这件事情，就没有了后来的安东再次被打，以及导致伊莱亚斯受伤的炸车事件，克里斯蒂安也不会差一点因此自杀了。可是孩子们不能理解父亲的行为，一心想要报复，这才引发了这一系列的冲突。经过了这些血的教训，孩子们才认识到，安东当时的举动是多么伟大。

人类社会之所以暴力不断、冲突不断、战争不断，就是因为我们都在不断地制造冲突，却没有消解冲突的能力。我们要想让自己的生活真正有所改变，就要学会像安东一样，能够把一切冲突终结在当下，无论是外在的冲突还是内在的冲突。很多时候，从表面来看，你吃了很大的亏，受到了伤害，显得软弱。也许你感觉忍不下这口气，但是你看不到，让冲突终结在你的眼前是一种多么有力量的行为。你终结的是一场场蓄势待发，甚至是没完没了的战争。不然你的大部分精力将会消耗在这些冲突引发的战争之中。你可以想象一下，这样一来你需要在这其中消耗多少精力。

我们一定要记住，更美好的生活就在当下，就在你终结了冲突的那一瞬间。将一切冲突，无论是内在的冲突还是外在的冲突，都终结在自己这里，终结在眼前，这是我们一切提升和改变的最终目标。

4. 忘却比积累更强大

朋友小茜所在的健身俱乐部，有个特别招人烦的外国人。大家之所以那么讨厌他，是因为俱乐部里大部分的女孩都被这个人骚扰过。他企图向小茜下手，虽然没有得逞，但小茜一直耿耿于怀。

一天小茜和朋友一起聊天时说起这个人，希望大家帮她想个办法，好好惩罚一下他。

这时，大家都打开思路，充分发挥自己的想象力，帮小茜出主意。有的朋友说把他的车划了；有的说把他的照片发到网上，人肉搜索他；还有的说给他寄个包裹，里面放个定时器吓吓他。大家你一言我一语，真是损招出尽。

我说："这哪是在惩罚他啊？整个就是在惩罚我们自己。我们为了改变他花了那么多精力，回头还心惊胆战，生怕惹出什么祸端。这根本就是在和自己过不去。我们对他做任何事情都毫无意义。对这样的人，最好的惩罚就是不予理睬，离他远点。"

我们几乎都有使自己耿耿于怀的事情。比如上司为了躲过惩罚把项目失败的原因推在你的身上，你成了他的替罪羊；你辛辛苦苦地工作，同时还要照顾孩子，可是老公却有了婚外恋；你再三嘱咐朋友帮你保守秘密，可是没多久你发现所有的朋友都知道了这个秘密……

这些事情从发生的那一刻开始，就寄存在我们的心底，让我们念念不忘。直到今天，那份怨恨还毫无退去之意。其实，所有的伤害在发生的那一刻就已经结束了。我们今天还在为此伤痛和怨恨，都是因为我们在用自己的思想无休止地戏剧化那些事件，让它们在我们心中重复上演，并为其撰写一部又一部续集。

我们没有意识到，寄存在我们心中的这些东西，需要不断消耗我们心的力量。我们不断地给它们能量，让它们来折磨自己、惩罚自己。我们把自己大量的能量消耗在了这些毫无意义的事情之上。

这些痛苦我们背负了很多年，却不明白为什么无法放下。这就好似我们背着一个沉重的袋子，艰难地向前行走，累得自己满头大汗，两腿发软，两肩胀痛，呼吸困难。我们在心里呐喊着："不行了，我要累死了，痛死了！"而我们却不知道，只要扔掉那个袋子就可以解脱。更没有意识到，是我们自己非要背着那个袋子。因为除非我们自己愿意，否则没有人能把那个袋子强加在我们的肩上。

问问自己，把那些伤痛背负至今，我们改变了什么？其实，什么也没有改变。当我们认真审视自己所执着的事情时就会发现，自己竟然不知道想要什么样的结果。因为根本就没有结果，我们只是在为难自己，只是在消耗自己的能量。这些痛苦把我们变成了一个满腹牢骚的人，除此以外，没有任何改变。

虽然我们对过去的事情耿耿于怀，但曾经与我们发生冲突的人，或许早已把那件事情忘得一干二净了。

前不久，我遇到一个关系很好的高中同学，他提起我们在学校里的一次激烈争吵。我们彼此大打出手，他把我的好几本书都撕烂了，而我打破了他的鼻子。由于那次争吵，我们俩有一个月的时间谁也不理谁。

我对他所描述的那次争吵，只是隐隐约约地有点印象。他要是不提，我就想不起来，而他却记得那么清晰。

为什么有些事情我们感觉历历在目，而别人却毫无印象呢？这只能说明，是我们在用自己的能量维护它。

我们感觉烦恼和痛苦，是因为别人的失误被我们捡到，别人脱口而出的话被我们接住，别人无意的行为被我们看到，别人的想法被我们觉察到。我们企图从收集来的这堆东西中找到点什么，结果我们不但一无所获，反而成了一个垃圾处理厂。我们处理不了的那些垃圾，在我们心中发酵，并借由我们心的力量制造痛苦和烦恼，消耗我们的人生。

我们企图从别人丢掉的东西中，找到对自己有价值的东西，这样做注定只是徒劳。放过自己，不要到处收集那些难以处理的垃圾。我们的心不应该是垃圾的积攒地，而应该是快乐的积攒地。当我们的生命空间被垃圾占据时，快乐就没有了容身之地。

5. 不去播种成见，就是在收获快乐

课堂上，老师为了了解一下同学们的团结程度，做了个小小的

测试。

老师让每人拿出一张白纸，然后以最快的速度，在一分钟内写出自己不喜欢的同学的姓名。可以写一个人，也可以写很多个人。

在这一分钟内，有的同学仅能写出一个同学的名字，有的同学甚至连一个也写不出来，但有一些同学却能一口气写出十几个名字。

老师将纸条逐一收上来，经过统计发现，那些写出名字最多的人，正是最不受同学欢迎的人，而那些写不出名字，或者写出的名字很少的同学，也很少被别人讨厌。

当我们对别人有成见时，就会发出一些不友善的信息。这些信息被别人感受到以后，我们制造的那些成见就会反作用于我们，于是，我们也得不到别人的友善。

生活中太多的好坏与是非，都是我们用思想亲自制造的。我们把事物从自己的心中分离出去，为其贴上不喜欢、烦人、讨厌等标签，并从中寻找自己优于别人或为别人好的良好感觉。这些标签只是我们的思想对事物的一些线索做出的片面解释和回应，而事实并不完全就是那样的。现实中的人或事物不会针对我们任何一个人，也不会为哪一个人而改变。

我们的任何一种成见都可能成为我们未来收获痛苦的种子，都可能成为我们将来为痛苦埋单的原因。我们对这个世界的任何一种片面看法，都可能会成为我们奔向快乐的“拦路虎”。成见使我们在痛苦中难以自拔，无谓地消耗自己生命的能量。

假如我们不喜欢吃巧克力，感觉吃巧克力有这样或那样的害处，可我们的孩子很喜欢巧克力。于是我们总是唠叨，让孩子不要吃巧克力。孩子开始讨厌我们，我们和孩子都会因此而不愉快。

如果我们发现自己很讨厌的那个人和我们的一个好朋友走得很近，那么我们再和这个好朋友相处的时候，就会因为自己的成见而感觉有些不自在。

当这一切发生的时候，我们种下的那个不喜欢、讨厌的成见就开始发作了。我们追求快乐的去路被它挡住，但我们却认为这是别人强加于我们的障碍。我们很难意识到，是我们的那些成见为我们制造了困境。

我们可以看到这样的事实，那些没有在内心中制造是与非的人，可以开心地吃巧克力，可以和我们所讨厌的那些人愉快地相处。而我们为什么不能呢？原因肯定是在自己这里，人们在任由大脑自动化地反应，播种了成见，拦住了快乐。

6. 回头看看，接受事实

有个心理学家做过一个很有意思的实验。他要求参加实验的志愿者，周日晚上把未来一周所有烦恼的事情写在一张小纸条上，然后投入一个“烦恼箱”。

到了第三周的星期天，他在志愿者面前打开这个箱子，与成员逐一核对每一项“烦恼”。结果大家发现，其中，90% 的我们认为烦恼的事情并未真正发生。

接着，他又要求大家，把剩下那一成写有烦恼的字条重新丢入纸箱，等三周以后，大家再来寻找解决之道。结果到了那一天，核对后，大家发现那些烦恼已不再是烦恼了。

据统计，一般人所忧虑的事情，有 92% 不会发生，剩下的 8% 则是人们能够轻易应对的。所以说，大部分的烦恼只发生在我们的大脑中，而不是在现实中真正发生了什么。

我们所烦恼的事情，即便真的会发生，也不会对我们的生活造成多大的破坏。我下这样的定论是有依据的。不信的话，就让我们回头看看自己的成长历程。

初中的时候，你努力学习，满怀信心地要考个重点高中，结果你为自己只能上个普通中学而痛苦。几年后考大学再次失利，只能上个普通的大专。你还记得自己当时的落魄吗？

上大学时，你谈恋爱了，并且深爱着自己的女友。可是毕业后你们就要分道扬镳，回到各自的城市。你是否还记得当时的痛苦？

刚步入社会，你信心满满要一展宏图，结果发现找份工作那么艰难。第一份工作的薪水少得可怜，你心中充满了绝望。

一转眼 5 年过去了，10 年过去了。今天的你有了自己的家庭，有了心爱的妻子、可爱的孩子，工作上也出类拔萃、待遇丰厚。这时你还能想起当年对感情和事业的绝望吗？我想好多人都会认为当时痛苦和烦恼的自己很好笑。

当我们为眼前的事情烦恼的时候，不要忘了回头看看，曾经有那么多烦恼困扰着我们，但那些烦恼都过去了，我们今天依然过得很好。我们今天的烦恼，也同样会在明天成为过去。当消极情绪来临的时候，我们总会高估它的持久性，夸大它的破坏力。我们总会认为这些痛苦让我们过不了今天，活不到明天，是我们一辈子都无法面对的。事实上，我们不会一直沉浸在这样的痛苦之中。回头看看自己曾经的痛苦，再看看今天的自己，我们曾经的那些想法，不是都烟消云散了吗？

让我们通过找东西的心理过程，了解一下自己是如何让一件事情成为烦恼的。当我们发现自己的一件生日礼物不见了时，越是找不到那件东西，我们就越能想到它的好。我们会在一瞬间发现那件东西的很多价值，比如它是一个很重要的人送的，它陪在我身边已经很多年了，它是那么贵重，它是限量版的且很有珍藏价值，它有特殊的纪念意义等。这些想法让我们花费了大量精力，到处翻腾着寻找它。我们越是找不到，就越是放不下。可是当我们终于找到它的时候，却把它扔在一边，半年也不看一眼。我们苦苦寻找它时心中所想的那些价值和意义一点都没有了。

太多的烦恼和痛苦，都是由于我们执着于一个想法、一个念头，不能面对当下的现实。当我们执着于那些想法时，就是在用自己的力量制造折磨自己的痛苦。放下那些我们所执着的思想，痛苦就会消失。痛苦是我们用自己的思想惩罚自己的愚蠢做法。

如果有一件事情让我们寝食难安，占据了大部分的时间和精力，那一定是我们在自己的思想里回应思想本身，使自己左右为难。这时我们应该做的是行动，我们只有全然地投入这件事情中，从中获得直接体验，才能使那些烦恼在大脑中灰飞烟灭，才能使恐惧和担忧无容身之地；抑或是把这些事情丢在一边，不去理睬它，否则助长它们嚣张气焰的就是我们自己。

记住，我们什么也不会失去，破灭的只是思想吹起的一个个泡泡，失去只发生在我们的大脑里。

第十三章

独自面对——不能面对自己，就没有自己

CHAPTER 13

1. 为什么你感觉如此孤独

前面我们说过，人与人之间的互动，更多的是在玩彼此消耗的心理游戏。这导致人们即便生活在人群中，也总是有一种孤独的感觉。我们的孤独感来自不被理解和认同，而这一切的根本原因是每个人都在用一种别人不喜欢的方式来对待别人，而自己也同时在被别人用同样的方式对待。人们对自我认同感和优越感有着无止境的需求，导致人们不管怎么和别人相处都会感到很孤独。

小青有时候不喜欢当众讲话，在同事眼里他便成了一个不爱说话的人。开会的时候，大家很少征求他的意见，也很少给他保留发言的

时间。这让原本不爱说话的他，变得更加不爱说话。大家在把他定义为一个不爱说话的人的同时，也是在剥夺他当众讲话的权利。但是，小青在家人和朋友面前却是个话篓子，总是说个不停。他只是在当众讲话的时候有点紧张，并不是不爱说话。所以，小青非常不喜欢同事们这样看他。

小青的同事阿娟是公司的文秘。在一次重要的会议上，阿娟把文件放乱了，少打了其中的两页，从此阿娟在小青和大家的眼里成了一个“马大哈”。虽然那天她只是一时慌乱，少打了两页文件，但大家对她失去了信任。就连小青让阿娟准备文件时，也会再三嘱咐千万不要少印了。大家的这种态度让阿娟很反感，她很讨厌别人这样看她，因为她平时对待工作还是很认真负责的。虽然她极其痛恨同事这样看她，但是她却同样理直气壮地认为小青是个不爱说话的人。

小青和阿娟都在用别人不喜欢的方式对待别人，同时别人也在用他们不喜欢的方式对待他们。小青不希望同事认为自己是个笨嘴笨舌的人，阿娟不希望别人认为自己是个粗心大意的人。因为小青并不是真的不爱说话，阿娟也并不是真的粗心大意，他们只是在一个特殊的状态下才会表现失常。他们非常不希望别人这样看自己，给自己贴上这样的标签。可笑的是，虽然他们痛恨别人这样对待自己，但是，他们却在用同样的方式对待别人。

人们都在用自己痛恨的方式对待别人。结果是，人们都认为“我爸 / 我妈 / 伴侣 / 上司 / 朋友 / 同事，根本不了解我，不理解我！”这就是大部分人都感觉自己活得很孤独的根本原因。

那么，人们为什么如此热衷于解读和猜测别人的行为，为别人贴上标签呢？说到底，这还是源自自我对掌控感和安全感的需求。人们最不能面对的就是不确定的事物，所以，我们总是试图将这个本不确定的世界确定下来。对人也一样，人们最怕一个人没性格，捉摸不定。因为对于这样的人，人们不知道该采取什么方式和他互动。自我试图通过别人的言谈举止、音容笑貌来确定别人是什么样的人，这样人们就知道该用什么样的方式与对方相处和沟通了，这会让我们有掌控感和安全感。但这种确定很多时候是对他人的偏见和错误判断，因为很多人都无法正确地表达自己的想法和意愿。

此外，我们都是认知吝啬者。大部分人不愿意花过多的精力去认真了解别人。我们喜欢根据少许线索“以小见大”，而不是费尽心思去考虑一件事情究竟是环境因素导致的，还是别人的性格导致的，只是想抓住很少的线索来说服自我。通过贴标签这个捷径将一个活生生的人定格起来，装进笼子里，给自己以掌控感和安全感。人们采用这种方式来安慰自己懂别人、了解别人，这是人们面对一个不确定的人的一种最省时省力的方法。因为人们要的是感觉，不是事实。

但问题的关键是，这样的偏见会让人们形成心理惯性，让人们非常期待看到自己希望看到的东西。因为只要能看到自己想看的东西，人们就可以停止对这个人的了解过程，直接用模式化的方式对待他，这让人们根本无法看到别人和事情真正的面目。

当人们都是这样看待别人和这个世界时，人们就会感觉别人不了理解自己。其实，当人们寻求安全感和掌控感时，就是在制造自己的孤独感，因为安全感和掌控感是用拒绝别人、拒绝世界的围墙构建起来的。围墙里既有安全感，也有孤独感，人们彼此互动的模式造成了人们孤独的感觉。要想不让自己感到孤独，就先要让自己不再用别人对自己的方式对待别人。想要做到这一点，你需要学会独自思考和独自面对。

2. 为什么你太在意别人怎么看自己

有很多网友在微信互动中问过我类似的问题："我经常会在意别人对我的看法。在意别人怎么看我的外貌和我的言行举止。我总是会想自己这样做对不对，别人会不会喜欢。这样的想法搞得我很不自信，总是不能正常地表达自己，有时候不想去一些人多的场合。我不喜欢这样的自己，我是不是不正常，我该怎么办？"

首先，我们来看这种情况是否正常，我们每个人都在乎别人怎么看自己，不是吗？这不是什么心理疾病，也没有什么问题。这样的想法完全是正常的。它之所以成为问题，是因为我们认为这样的行为不对、不好、不正常。大脑对于不对、不好、不正常这样的词语非常敏感。这些词会激起人们的自我保护意识。自我害怕自己步入歧途，害怕被别人否定，所以你一旦用不正常去定义这样的想法，自我就会盯住这个想法不放，就会把这个想法看得重要。一旦你这样认为，马上就会进入抵制和抗拒的状态。抗拒这个不理想、不正常的自己。也就是说，首先是你把正常的问题看得不正常了。这样的设定让你在心中分裂出一个不正常的自我和一个正常的自我。你抗拒当下真实的自己，渴望成为谈吐大方、举止文雅、言之有物、出手大方、视野开阔等理想中的样子。也就是说，你试图把自己塞进这些自认为好的模式里，但是你又无法在现实中把自己塞进那样的模式。这时你心中的冲突就产生了，你在真实的自己和不真实的自我之间发生了冲突。你是一个不完美的人，而你想成为一个自认为完美的自我。也可以说，你想把自己变得不是自己。痛苦和烦恼都源自是与不是之间的冲突和挣扎。

人当然会在意别人怎么看自己，但这为什么会成为你的烦恼，而没有成为别人的烦恼呢？原因是你在这样的冲突中挣扎的时间太长，你花了大量的时间和精力去关注这个想法，去喂养这样的冲突。这个问题之所以成你的苦恼，是因为你通过自己的不断关注，把这个简单的、不是问题的问题，变成了一个很大的问题，最终成了一个你认为无法借助自己的力量解决的问题。结果是你失控了、迷失了、苦恼了。

那么，我们该如何解决这个问题呢？首先，我们不要认为可以通过某种方式慢慢解决这样的困扰，慢慢解决意味着需要时间。你解决这个问题需要时间吗？这是我们必须要搞明白的。

这样的想法产生在你感受到它的当下，发生在当下的事情等到未来可以解决吗？我们借助一个小故事看一下这个问题。我们在小学课本里学过“刻舟求剑”的故事。一个人坐船过江，一不小心手中的宝剑掉到了江里。这时他没有跳到江里去找自己的宝剑，而是不慌不忙地拿出刀子在宝剑掉下去的位置刻了个记号。别人问他为什么不跳下去捞自己的宝剑，他说自己在这里做个记号，等船靠岸了，再从宝剑掉下去的位置去找就是了。我们试图在未来解决发生在当下的事情，就是刻舟求剑这样的愚蠢。事情发生在当下，我们却总是试图在未来解决它，这是我们无法解决问题的最大误区。因为它是个心理问题，它发生在我们起心动念的那一瞬间，解决它的方法和时机就在此时此刻。我们试图到未来解决，就已经错过了改变自己的机会。也就是说，试图通过某种方式慢慢解决，就会错过了解决问题的时机，那时事情已经无法解决。

那该怎么改变呢？如果让我直接告诉你一个答案，那就是首先不要想太多，在你想说什么做什么的时候，直接去说，直接去做。不要想太多，一思想，自我就会介入，就制造了问题，你就试图保护自己，就会在意自己说得对不对、别人喜不喜欢。所以不要给思想介入的机会。

其次，学会停止思想。如果你没有看住自己的思想，让它溜进了自己的大脑，那么在你意识到自己在意别人怎么看自己的那一刻，在这个思想产生的那一刻，你就要做出行动。你可以暗示自己，别人怎么看自己都很正常。不去理睬这个想法，把自己的注意力转移到自己在做的事情上。比如你在写稿子，就思考下一句怎么写；你在吃饭，就细细品尝口中的食物；你在讲话，就把注意力集中到自己要说的话上……总之，在你产生这样的想法的那一瞬间，你分神了，你真正的自己离家出走了，你的大脑就被自我接管了。你需要马上让自己回到自己正在做的事情上，专注于自己正在做的事情。如果你眼下没有什么事情要做，就找点事情去做，去倒杯水，去看看窗外，去看看微信，去上个洗手间等都可以。打断思想的继续，不要去咀嚼思想，就是此刻你要做的。记住，对于正常的事情，大脑是漠不关心的。

最后，要想让自己不被这样的想法骚扰，我们还是要多去发现自己的兴趣，很多时候我们太在意别人怎么看自己，是因为我们没有自己。我们没有自己喜欢的事情，没有自己的主见，没有生活的方向，没有自己的质疑能力。我们活得很无力，人云亦云，我们迫切希望得到别人的认同。我们花了更多的时间去关注别人，而忽略了自己，所以才那么在意别人怎么看自己。当你发现了自己爱的东西，发现了自己的爱，你就不会再那么在意别人怎么看自己，因为你心中有爱。在爱没有着落的时候，人才会感觉恐惧，才会渴望得到认同。

3. 无须说服别人相信，只需说服自己爱上它

居里夫人是伟大的科学家、化学家、物理学家。在不到 10 年的时间里，她分别在物理学和化学两个不同的科学领域均获得了诺贝尔奖，这在世界科学史上是独一无二的！

居里夫人有着传奇的一生，她的故事有很多。我们从她发现镭元素的那个时间说起。居里夫人通过反复的实验和研究，发现铀矿中存在一种不同于其他物质的元素，她把这种元素叫作镭。可这只是一种推测，她根本无法证明这种新元素是真实存在的。所以只有把它提炼出来，才能证明这一点。

于是，她和丈夫居里博士向索尔本大学（巴黎大学）的董事会提出申请，希望有一个专门用来做这项研究的实验室，并且还想申请研究经费。但他们的项目遭到了董事会的各种质疑，有的人说："你和居里博士发现了一种新元素，一种活性元素。但遗憾的是，你们拿不出证据来证明这种元素真的存在。"还有人质疑他们说，这项研究需要很长的时间，可是居里博士已经在理化学校承担了教学任务，而居里夫人也在师范学校教书，并且还需要带孩子。他们哪有那么多时间来搞研究？连研究工作都无法保证正常进行下去，怎么确保出成果？更何况，居里夫人虽然有才华，但是毕竟太年轻，也没有经验，而且还是一个女人。就这样，对他们的种种质疑扑面而来。

没有确凿的证据，没有足够的精力，太年轻也没有经验，还是个弱女子等，这些都是在我们要做一件事情的时候最容易被别人质疑的问题。这是因为人是活在自我的模式中的，这些问题都会让我们感觉不确定。人们无法接受不确定的事物，所以当你要做一件事情时，最容易遭到他人的各种质疑。也可以说，在这个世界上质疑别人是常态，无条件地信任是罕见的。大部分活得平庸的人都是被别人的质疑埋没的。所以，在我们要做一件事情之前，首先要问问自己，是否做好了准备来面对别人的质疑，是否能独自面对接踵而来的一切。

居里夫人没有去反驳这些质疑，只是表示自己和丈夫会全力投入其中。即便居里夫人信心十足，学校也没有拨出专款供他们做研究，只是给他们提供了一间废弃的旧棚屋作为实验室。之所以给他们这间棚屋，是因为没有一个人愿意在那里工作。那里屋顶漏水，地面潮湿，冬天都没法取暖，里面冷得像冰窖。到了夏天，里面又热得像火炉。而实际的状况比他们想象的还要糟糕很多，这间棚屋丝毫不能抵御任何的恶劣天气，根本就无法在那里工作。但居里夫人并没有怨言，她坦然地接受了这间破烂的棚屋。

其实，她已经做好了心理准备。有条件要做，没有条件创造条件也要做。也就是说，能得到别人的支持最好，得不到她也不会放弃。没有任何支持，也不会阻止她做这件事情。可是我们呢？每当我们要做什么事情的时候，总是要求这个条件那个条件。动不动就说这个条件不允许，那个条件不成熟。问题的关键是我们要先弄明白自己能做什么，不要先要求别人为你做什么。我们在做任何事情的时候，都不要试图先说服别人为自己做什么，而是要先看看自己是否真的爱所做的事情，自己是不是可以独自去面对自己要做的事情。

回到居里夫人的故事中。有了破棚屋作为实验室之后，接下来他们需要解决的问题是购买提取镭所需的沥青铀矿。这种矿石价格很昂贵，由于他们没有申请到研究经费，于是，他们拿出了自己辛辛苦苦攒下的钱，先后买了八九吨这样的铀矿。起初他们干的全部是体力活，他们需要一袋一袋地背矿渣，并且要亲自动手搅动大桶里加热的矿渣。

他们首先需要在椭圆的大桶里将矿渣熔化，直到它像岩浆一样沸腾，再倒入酸，用来溶解里面的盐，接下来再将剩下的残渣放到不同的大锅里继续进行熔化，并且 24 小时不能断火，不能停止搅拌。在这个烟雾弥漫的环境里，两个读书人在如此恶劣的条件下，干着这么重的体力活，这不是一般人能承受得了的。但是再苦再累，他们也在继续。他们这样一干就是几个月，根本不在乎有多苦、有多危险。在寒冷的冬天里，他们俩完成了一家化工厂的所有工序。他们要从几吨矿渣中提取出所有的已知元素，直到剩下几盎司物质，最后从中提炼出宝贵的镭元素。

我们做事的时候，能做到他们那样不怕苦、不怕累吗？能够做到独自面对吗？我们总是会想，我是技术员，这样的脏活我不干；我是工程师，这样又苦又累的工作不是我的工作范围。我们总是挑三拣四，总是以一种差别的眼光看这个世界，生怕那些低下的东西玷污了自己高贵的灵魂。其实，在我们心中住着的是一个不可救药的、腐朽的灵魂。只有在心中充满贵贱高低之分的人那里，这个世界才是有贵贱高低之分的。

在后来的几年里，他们必须反复不断地过滤从铀沥青矿中提炼和过滤出来的物质。只有这样，才能得到他们想要的元素。后来的工作虽然比之前那些强度有所减轻，但在炎热的夏天，这样的工作也是让人难以承受的。但他们还是熬了过来，直到把几吨铀沥青矿渣中的其他元素全部提取出来，只剩下最后的两种元素：一种是钡，另一种就是他们发现的新元素——镭。他们认为离成功不远了，接下来只要把剩余的这两种物质进行分离就能成功。可结果是他们进行了 458 次分离都无效。居里博士劝夫人放弃，怕因为这件事情毁了她的一生。居里夫人说：“我不能放弃，假如还需要 100 年，那确实很遗憾，但我要用毕生精力看看是否能完成。”

接下来，可怕的事情发生了，居里夫人发现自己的手有烧伤的情况。医生告诉她，她接触的某种物质具有奇怪的破坏力量。如果再过量接触这些东西的话，恐怕这种烧伤会加重，会不断恶化，甚至很有可能会发展成一种癌症。医生建议她放弃这项实验。

他们会放弃吗？要想得到镭，他们还需要付出多少努力？镭最终将以什么样的形式出现在他们面前呢？

4. 热情是你独自面对的力量

居里夫人和丈夫皮埃尔在非常恶劣的条件下展开了他们的研究。最后，医生建议居里夫人放弃这项实验，因为长期接触这种有害物质，会导致癌症的发生。

居里博士知道后很害怕。癌症，多恐怖的事情。他坚决要求居里夫人放弃这项实验。可居里夫人对他说：“很显然，这种元素有一种惊人的力量。既然它对健康的组织有破坏作用，那么它也能破坏非健康的组织。这意味着它可以治病，它可以通过破坏非健康组织来治愈各种疾病，包括很多不治之症。这样的话，这种东西对人类的作用将是无法估量的。”当人们勇于面对挫败和痛苦的时候，价值就会显现。

虽然按照居里夫人的推测，镭将是一种能够造福全人类的物质，但为了一种还不知道能不能提炼出来的东西，搭上自己的健康和生命也太不划算了。一般人在这种时候都会毫不犹豫地放弃。很多时候，我们因为畏惧苦难和挑战，做了“缩头乌龟”，都是因为我们把事情当作了成全自我的渠道，而不是真的热爱事情本身。当我们真的爱一件事情的时候，心中会有一股强大的热情。居里夫人对镭的热情不但能够熔解矿石，而且可以让她不惧苦累，更不畏惧癌症，这种热情可以融化一切。所以，居里夫人无所畏惧，可以独自面对这一切。

在接下来的工作中，他们加大了对自身的防护措施，继续进行实验。他们虽然没有找到一次性将镭和钡分离的方法，但他们找到了一个一点点把钡分离掉的方法。他们认为把钡一点点分离掉后，剩下的就是他们需要的镭了。他们采用结晶法——当液体蒸发后，剩下的就是结晶体。他们需要一遍又一遍地进行结晶，一遍又一遍地重复这样的过程。这个工作整整持续了两年时间，共计结晶 5677 次。最后，经过各种提炼，他们把几百只蒸发碗里剩下的东西收集到了一起。他们终于盼到了最后一次结晶。居里夫人盯着最后一只碗说：“我只想哭。”其实我能理解她的心情，看到这里我也想哭。4 年时间，8 吨铀矿，458 次分离，5677 次结晶。这不是一个普通人能做到的。

当他们怀着喜悦而又忐忑的心情去看结果时，他们发现碗里什么也没有。这让他们大失所望。这是怎么回事呢？碗里一粒晶体都没有，只有一小片的污渍。他们简直要崩溃了。尽管他们坚信不会什么也没有，可事实上，确实什么也没有。这样的结果谁也接受不了。

居里夫人躺在床上辗转反侧。皮埃尔劝她："不要再想了，到此为止吧。"居里夫人说："我在思考失败的原因。只要我知道失败的原因，我对失败本身就不在乎了。关键是我不知道错在哪里。我们希望得到的是一个确定量的镭元素，是看得见摸得着的，应该有一小撮盐那么多。"她说："皮埃尔，假如只是个量的问题，假如镭的量和我们用过的其他材料相比，只是微乎其微，乃至我们根本看不见。会不会那片小小的污渍就是我们要找的镭？"

当他们再次回到实验室时，他们发现那只碗里有东西在闪闪发光。他们终于看到了他们要的镭，其实那片污渍就是他们等了 4 年的镭元素。

起初，他们没有看到碗中的镭，是因为他们也陷入了自我的模式中。他们认为自己要找的东西是自己认为的样子，是可以看得见的，是晶体状的。这就是用过去的眼光看新事物，所以看不见。也就是说，用老眼光是不能发现新元素的。这就是我们常犯的错误。我们总认为自己不认识的，或者不是自己期待的就没有价值，就像那一小块污渍一样。这就是人的局限性。活在模式里，我们看不到新事物，不会有新发现，也不会有所创造。当人们的心深深地依附于一件事情时，人们会自动从更多角度来看事物。依附的心更怕自己的无知遮蔽发现的眼睛。居里夫人换了一个角度，才终于看到了镭。

最难能可贵的是，在镭提炼成功以后，有人劝他们向政府申请专利，垄断镭的制造，从此就可以发大财。居里夫人对他们说：“那是违背科学精神的，科学家的研究成果应该公开发表，别人要研制，不应受到任何限制。何况镭对病人有好处，我们不应当借此来谋利。”居里夫人还把千辛万苦提炼出来的、价值高达100万金法郎以上的镭，无偿赠送给了研究癌症治疗的实验室。同时，她也把诺贝尔奖奖金的大部分赠送给了别人。

我一直在说，自我就是要在一切事物上烙上“我”的烙印。不管我们去做什么，都是为了让事物成为成全自我野心的渠道，为了通过事物赚取名誉，以及获得钱财和权力。所以，我们才会恐惧失败，才会恐惧世俗的眼光，才会恐惧死亡。但居里夫人不为自我，只为事情本身。所以她才能淡泊名利、无所畏惧，也才能去创造和发现。她发现了镭和钋两种新元素，同时开创了放射性理论，发明了分离放射性同位素技术。在她的指导下，人们第一次将放射性同位素用于治疗癌症。

居里夫人由于长期接触放射性物质，于1934年7月3日因恶性白血病逝世，享年67岁。伟大的科学家爱因斯坦评价说：“在所有的世界名人当中，玛丽·居里是唯一没有被盛名宠坏的人。”因为她压根不是冲着什么名利去的，而是为了事情本身。

其实，居里夫人之所以能有如此大的成就，最根本的原因是她做到了独自面对。面对他人的质疑，面对严酷的实验环境和沉重的体力劳动，面对一次次的失败，面对可怕的癌症……她没有放弃，因为她能够独自面对自己要面对的一切——质疑、痛苦、劳累、死亡……最终，才做出了伟大的成就。如果说没有别人的帮助你就做不了，没有好的环境你就做不了，没有充足的经费和人力等你也做不了，那么你根本不会成就任何事情。

5. 做事就是做人

在我们传统的观念中，总认为做事要先做人。这里面违背了一个基本的认知，就是我们做人所表现出的一切品质，都是从做事中体现出来的。所以，谈论先做人还是先做事，本身就是个分裂的命题。人只有做事，没有所谓的做人，因为我们生而为人，你做不做人都是人，没有必要刻意做人，一旦要刻意去做人，就在让自己变得不是人。同时，你也会失去独自面对自己的能力，你就会依赖他人而活出自我。

在这个世界上只有不会做事的人，没有不会做人的人。不会做事是因为你把自我看得比事情重要。在这个世界上，没有一个人生下来就是邪恶的，大部分人都有积极正面的自我评价。也就是说，我们都认为自己是一个好人，也在积极地做一个好人。

一旦你有了如何做人这样的认识，就意味着你为做人找到了正确的方式和标准，你就在将人简单地分为好人和坏人。要求一个人去刻意做成什么样的人就是在分裂，就是在将是的东西变得不是。就像电影《勇敢传说》中梅琳达的母亲希望梅琳达成为一个举止大方、谈吐文雅的人，就是在让她放弃自己的喜好和自己最本真的东西来符合母亲的模式。这就等于让梅琳达变得不是人，而是机器。这其中有母亲的野心和自我欲望,这样做的结果是母亲变得不会做人了。她用狭隘的眼光看人，失去了一个人本有的东西。变得世故并不是会做人的表现。

强调做人，就是在强调只有符合某种价值标准才算会做人。我们不能说一个人不符合我们的价值评判标准，他就是不会做人，就没有价值。价值往往不是我们看到的那样，更何况每个人都有自己的价值评判标准，该以谁的标准去活呢？在那些试图控制他人的人眼中，做人才变得重要。因为他们试图让你按照他们的标准去活，因为他们需要你活在他们的框架里，才能感觉到掌控和安全。一旦你认为一个人不会做人，就是你在用自己的标准衡量一个人的好坏，就是你感觉他人不在你控制之内，你感到不安。

如果你刻意强调做人的重要性，那就注定一事无成。因为对你指指点点的人太多，你要顾及很多人对你的看法。刻意做人就是在试图讨好每个人，这样的人不可能把事情做好。在《点球成金》这部电影中，运动家棒球队的经理人比利的成功就很好地说明了这一点。他摒弃了要在别人面前扮演好人角色的做法，摒弃了棒球界百年来一直沿用的选拔球员的传统方式，开辟了新的电脑数据分析选拔人才运作球队的先河。如果要求他先做人，那么他就要顾忌所有老球探对他的反对和整个棒球界对他的质疑。他讨好每个人的方法就是放弃对球队的革新。电影中有一个情节如下。

比利决意要把球队中的灵魂人物换掉。他的助理说：“你不能这样做。你要考虑别人怎么看你，你这样做用不了几天就会被解雇。”而比利说：“必须把他换掉。他影响了整个团队的发挥。”如果比利要考虑别人怎么看自己，整个球队就没有希望了。如果他担心自己是否会被开除，整个球队就没有明天了。这样的话，他做人倒是很成功了，但是这个球队就遭殃了，这个球队就会垮掉，这样做也就不会有后来创造了20连胜的运动家队。如果你要刻意做人，就是让自己变得世故。这意味着别人成了你成全自我的渠道，你把别人看得重要，会让你迷失自己，你也将注定一事无成。

伟大的音乐家莫扎特在别人眼里是个狂妄不羁、目空一切的人，他的一生大多数时候都贫困潦倒；凡·高性格孤僻、自我，大部分时候都是在靠弟弟提奥的资助过活。这两人在别人眼里都是做人很失败的人，但他们成就了伟大的事业，我们铭记的是他们的伟大，谁会在意他们是什么样的人呢？每个人都有自己的个性，这就是人。并不是把一个人放进人的模式里他才能成为一个人。做人成功的永远是活出自己的那些人，而不是放弃自己去迎合别人的那些人。

别人是以你的言行举止和你做的事情来评价你的。一旦你要刻意做人，那么你的言行举止和所做的事情就成了成全你野心的渠道。你说话就不是在说话，沟通就不再是沟通，做事也就不再是做事，你就丧失了人本有的东西。因为你在感情用事，已经不知道该如何为事情本身了。你的整个人已经成了成全自我的渠道，你已经放弃了自己最宝贵的东西。这不但使你不会做事了，也使你迷失了真正的自己，这就是刻意做人将会变得不是人的道理。只要你强调做人的重要性，就是在让一个人变得不是人。你想刻意做人，那么你就是在试图成为别人渴望的样子。这时你就不能做自己，也没有自己。

6. 独自面对就是少想多做

“你真幼稚，真不成熟”，任何人都不想听到别人这样评价自己。那么，你是一个成熟的人吗？如何做才是一个成熟的人呢？

对于成熟，人们普遍的认识是不再像小孩子那样思考和做事，能够独自面对——独立思考、独立面对事情。那么小孩子是怎么应对这个世界的呢？他们幼稚，以自我为中心，视角单一，容易情绪化，等等。

相对于幼稚来说，人们普遍认为的成熟又是怎样的呢？很多人认为圆滑、稳重、儒雅就是成熟的表现。是这样吗？我认为这不叫成熟，只能算是世故，只能说是你为了迎合别人做出了妥协，学会了伪装自己，这是一种自我保护的状态。还有人认为学会控制自己的情绪，就是成熟的表现。我们首先要弄明白控制情绪是在控制什么。现代人的情绪 90% 是被自我形象启动的，也就是说，情绪很多时候是被一种想法启动的，比如“他不尊重我，他在欺负我、侮辱我”这样的想法。形象是一个个想法的集合，控制情绪就是在控制一个个想法。不去想，不去对形象进行反应，我们的情绪就不会像今天一样泛滥。这样的话又何来控制呢？所以控制情绪也不是成熟的表现，只是我们对成熟这个形象进行反应时，制造的另外一个形象或者是想法。

我们对成熟的定义和界定是多方面的，比如要尊重别人、理解别人、要懂得爱和宽容，等等。这都是我们在试图实现成熟这一形象时卷入的另外一些形象。我们总是活在自我制造的形象中，应对着自我制造的另外一些形象。成熟不是你有多老练，也不是你能力有多高、见识有多广、胆子有多大，或者尊不尊重别人、能否控制自己的情绪等。总之，不是一提到成熟，你脑子里就立刻闪现出的那些想法和形象。因为这些都是自我为了应对成熟这个形象，制造出的另外一些形象。

成熟是自我制造出的形象，它是一个模糊的概念，但这个概念可以启动我们的情感和情绪。所以，当我们用成熟这个概念衡量别人的时候，就是在试图控制别人，试图把别人塞进成熟这种模式里。这个模式中有自我渴望的认同感和对不能如愿的恐惧，所以它可以控制我们。每个人都有对成熟的自我认识，所以成熟在不同的人那里是不同的模式。我们要把自己塞进多少人的模式里才算成熟了呢？我们要得到多少人的认同才不恐惧呢？

当用是否成熟来评价自己的时候，我们就是在抗拒和逃避自己的真实状态，我们的心中就有了冲突。为了解除这种冲突，我们逃进了时间里。我们认为只要自己变成某种样子就会成熟，就会解决自己的问题。可是我们的问题就存在于成熟这个形象产生的一瞬间，它就发生在眼前。我们试图借助时间到未来解决它，又如何解决得了呢？

我们不成熟，是因为我们继承和卷入了自我制造的一个个想法和形象，或者说幻象中。我们在其中追求自我感觉，而不是事实。如果你认为进入成熟这个形象，就能得到提升和解脱，那么你是不会如愿的。因为任何形象都只是一个想法，不拍脑子也能随时产生，所以我们是应对不过来的。

我们的人生不管追求怎样积极正面的提升，都应该是卸掉我们身上继承的人类自我的模式，让自己不再活在自我的模式里，不再制造形象和幻象，不再制造矛盾、冲突，让一切冲突终结在自己这里。具体怎么做呢？很简单，就是要少想，少评判，多看，多听，多做，简称少想多做。少想多做是多用自己的行动去求证，能够独自去面对事物和探究事情的真相。少想多做不是让你人云亦云，是有自己独立的思考和分辨是非的能力。我们应该允许事情和他人是那样的，因为事情往往不是我们认为的那样，所以不要用自己的模式去判断和评价它。面对眼前的事物，当你只是在看或者只是在听的时候，你就做到了成熟。不带任何评判地去做事情是一种成熟的表现，因为不带评判就没有形象，就没有应不应该、对不对，也没有情绪，这就是尊重，就是爱，就是宽容。成熟就是不依赖任何形象来评判这个世界，依赖形象就是在试图把一个对象塞进某种模式里，这就是在证实自我、逃避自我、表达自我及实现自我。少想多做是我们最容易做到的，也是最难做到的，这也是人们独自面对事情的真正属于自己的方法，因为这样你就没有制造冲突。我们对自己的提升没有那么难做到，简单得不能再简单了，难就难在我们太容易卷入自我的情感之中。

第十四章 绽放自己——把芳香留给世界

CHAPTER 14

1. 不需要变得优秀，你本身就很优秀

曾经有一个网友对我说："只有优秀的人，只有强者，才能生活得更好。而我现在还不够优秀，不够强大，所以我活得还不够好。我还需要不断地提升，让自己变得更加卓越。"我说："你不是不够优秀，也不是没有能力。你的问题是不知道该如何在当下展现自己本有的能力和优秀。"

很多人认为自己做不了想做的事情，是因为能力还不够，所以需要时间来提升自己的能力，让自己变得更加卓越、更加优秀。在这里需要纠正一下大家的这种想法。认为自己能力不够，需要时间来变

得优秀才能做自己想做的事情、过上自己想过的生活的这种想法，是一种完全错误的想法。我们一旦在自己的生活中导入时间，就会无视自己生命本身的力量。生命本身就是一种能量，它可以创造无限可能，它本身就是优秀和强大的。你只需要在当下绽放它，而不是在未来完善它。

生命的力量是平等的，之所以你认为自己比别人差、比别人弱，或者不够优秀、不够卓越，是因为你不知道如何在当下展现自己生命的能量，你根本没有发挥出自己生命的力量。那么，你的能量去哪儿了呢？是自我限制了你生命的力量，让你活着只是在浪费和消耗自己的这种优秀而强大的力量。你想一想，自己为自己做过什么，你就会明白自己是不是在绽放生命的力量。

贵州的 12 岁男孩彭智伟，7 岁时丧父，有一个病重的妈妈。他 8 岁时学会了打针，9 岁时可以刮痧、拔罐，10 岁时能够抓中药，11 岁时可以卖废品赚钱，12 岁时可以在医院照顾重病的妈妈……他的母亲因生病而彻夜不眠，他就四处寻医，花光了积蓄。他整天往返于医院和学校，并且还要抽空捡拾废品赚钱养家，很多人认为生命太脆弱了，这个孩子好不幸、好可怜啊。但在我看来，这就是生命的力量。你可以思考一下，在正常家庭长大的孩子，这个年龄能做什么？又在做什么呢？我们在这个年龄段的时候，又能够做什么？是不是能够照顾好自己就已经谢天谢地了？这个小男孩比你更有能力吗？比你更优秀吗？不一定。但是，他没有想过要等自己变得优秀了、有能力了，再去做这些，再去面对这些。他没有找借口，他时刻都在面对生活，所以，他看上去既优秀又坚强。其实，并不是你没有能力，也不是你不够优秀，而是你有停滞不前的庇护和一堆原地踏步的借口，所以你不能直面生活，不能绽放生命的力量，这当然会让你看上去没有能力和不够优秀。

美国弗吉尼亚州的一个名叫肯尼的男子，已经将近40岁了。由于小时候患有一种罕见的疾病，骶骨发育不全而被迫截肢，他失去了腰部以下的身体。然而，肯尼拒绝使用轮椅和假肢，他坚持用手去行走。他热爱生活，喜欢运动，而且他找到了自己的爱人。他乐观、坚强，把自己的生活过得多姿多彩。一个只有上半身的人，都能把生活过得如此精彩，让生命的力量绽放得如此灿烂。那么对于四肢健全的我们来说，为什么生活就成了问题了呢？

你想做什么，你想去哪里？你是个生命，生命就是能量。你只要活着就够了，只要活着，你就拥有生命的能量，不需要等待，不需要条件，不需要理由，只需要拥抱。生命本身就是一种能量，它就可以带你做你想做的事，去你想去的地方。

从今天起，一定要记住，你什么都不缺，你的短缺是自我的束缚造成的，也就是思想造成的。要想活出自己，就要像剥洋葱一样剥掉对自己的层层束缚。剥到最后，你就没有了任何束缚，真正的你就展现在了自己的面前。这时的你会无所畏惧，拥有的是智慧和力量。

2. 让生活因为你的存在而不一样

我们经常听到人们把价值挂在嘴边。很多人认为钱是体现一个人人生价值的重要方式。一个朋友说："有钱才能体现出自己的价值，因为有钱可以开好车，可以让父母住好点的房子，让父母好吃好喝安度晚年。"我说："没有钱一样可以活得有价值。人生的价值不是用钱的多少来衡量的。"他就反问我："一个乞丐的价值在哪里呢？"我说："单从贫穷这个角度来说，乞丐的价值是让你知道，这个世界上有人比你更穷、更惨。何况没有钱并不是一个乞丐的全部。"结果，他哑口无言。谈到人生价值，我们往往会掉入很多误区。

有一部经典的老电影叫《生活多美好》。影片中建房贷款合作公司的负责人叫乔治，由于帮手比利叔叔弄丢了公司的8000美元存款，导致公司将要破产，而乔治要去蹲监狱。绝望之际乔治准备自杀。天使认为他的死期未到，就来拯救他。可是天使也拿不出8000美元，该怎么帮助他呢？乔治认为如果自己没有来到人世间，也就不会遇上麻烦，别人会生活得好好的，不至于像现在这么糟糕。这让天使想到，可以让乔治看看，如果这个世界上没有他会是什么样子的。

结果乔治发现，小时候自己做帮工的药店的老板穷困潦倒，坐了20年牢刚被放出来。而当年是因为乔治没有把老板配错的药给病人送去，才救了病人也救了老板。他还发现没有他公司早就破产倒闭了。没有他，他们住的房子直到今天还是一栋废弃的破房子。他不曾来到这个世界，他的母亲不认识他，比利叔叔也在公司破产的时候住进了精神病院。他不曾来到这个世界上，小镇上的人们都不认识他。他没有来到这个世界，有好多事情同样都没有发生。他的妻子麦瑞直到今天还是个没有嫁出去的老姑娘，他的 4 个孩子也不存在。他看到了如果他没来过这个世界，他所熟悉的一切都没有发生，他被吓懵了，简直就要发疯。这时他希望天使能够帮他回到过去，只要能让他回到妻子和孩子身边，不管发生什么事，他都不在乎。天使终于完成了任务。他的妻子把乔治遇到的困难告诉了小镇的人们，大家怀着对乔治的感激之心，纷纷为他捐钱。公司终于保住了，乔治的困难也解决了。

看到这里你可以思考一下，如果你没有来到这个世界，这个世界上有哪些事情不会发生呢？这部电影之所以经典，是因为它完美巧妙地体现了什么是一个人活着的价值，也让人们看到了自己的真正价值。

通过你没有来过这个世界的假设，我们会发现每个人来到这个世界上都或多或少地改变了这个世界。之所以有些人活得更有价值，能够影响更多人，是因为他做得比别人多。就像乔治，他放弃了上大学的机会，让弟弟上了大学；他拒绝了奸商波特高额年薪的诱惑，没有做一个奸商；他放弃自己一直以来做个旅行家的梦想，接管了濒临破产的公司，坚持为小镇上的穷苦老百姓建房子。他为别人做了很多事，改变了很多人的生活。他影响了很多人，所以他活得很有价值。

一个人活着的价值并不在于你有什么、有多少钱、开多好的车、住多大的房子，而是你给出去过什么、做过什么。无论你给出去的是钱财、微笑、帮助、劳动，还是其他的东西，都是你价值的体现。

人的价值是和这个世界建立了什么样的关系。如果你整天杞人忧天，抱怨这个世界这不好、那不好，你就什么也做不了。你不要认为，你的价值是外在的，别人可以随便否定掉，只有你自己能够否定你的价值。认为自己什么也做不了，你就在否定自己存在的价值；认为自己什么也做不了，你就在将自己孤立起来。如果你认为活着的价值在于外在的表现和享乐，比如让自己看上去很富有，要开好车、住豪宅，这还是在将自己孤立起来，因为你认为活着的价值就是看上去比别人风光。而实际上，你的价值不是与别人比较是怎么样的，而是你做过什么、能做什么。

回头看看，假如这个世界没有你将会怎样，你就会发现自己活着的价值所在。如果你感觉自己微不足道，那就证明你想得多做得少。价值是不能在思想中搞明白的，事情的价值往往不是我们认为的那样，我们其实不知道什么事情真正有价值。但是，有一点是肯定的，那就是什么也不做是一定没有价值的。所以不要思考什么有价值、什么没有价值，去做事情才是你活着的价值和意义所在。